A Weekend to
Change Your Life

一个周末,一场改变

女性活出真我的六个秘密

[美]琼·安德森◎著 陈寿文 钟蓓◎译

华夏出版社
HUAXIA PUBLISHING HOUSE

目 录
contents

1 引言

1 周末之前：知道自己需要改变
3 醒醒啊，姐妹，该轮到你了！
　　承认你已经迷失
　　破釜沉舟
　　让你的生命得到应得的关注
　　杂乱无章的行事历
　　行事历管控
21 "但是"对上"而且"
24 星星的力量

25 星期五：抽离的重要性
27 自我始于抽身走开
　　说说独处
　　成为自我与灵魂的学者
　　一名女子抽离的故事
　　追求抽离，从小处做起
　　延长抽离时间
44 认识自己的归属感
46 我离开的一切

49 星期五晚上：找回天然的自我
51 将你自己一块一块收拾好
　　坚韧的根
　　黑羊领导羊群
　　让旧的自我脱胎换骨
　　亲戚的能力
　　生命循环逻辑
　　生命的颜色

71 宣示意图
74 疯狂拼布

75 **星期六：修复身体与灵魂**
77 **打开寂静，关掉声音**
　　抓住属于你的日子
　　清空
　　减轻负担
　　机缘
　　大海的礼物
　　搜索自己的灵魂
　　部落异象追寻

101 宁静时刻
103 我在沙滩上找到了什么

105 **身体与灵魂**
　　让身体动起来
　　真心对待你的身体
　　高度保养的新视野
　　别再打击你的身体
　　如此自我照护

121 泡澡与裸泳
125 训练身体与灵魂

127 **星期日早上：寻找平衡与界限，重新整理自己**
129 放弃旁人对自己的期望
　　苏醒
　　来自沙中的情书
　　平衡的行为表现

144 什么该留，什么该丢
146 优惠券
147 施与受问卷

149 星期日下午：拥抱你的新生，让自己朝气蓬勃
151 凝聚力量，投资自己
开始你的新生
新生的最佳典范
好好活着，就是最佳报复
我们都是自己选择的结果
永无止境的十字路口——多选题
勇敢
167 小而美的旅程
171 新生问卷
172 收集赞美

175 周末之后：回家
177 决定在老地方当个新人
重返常轨
放慢脚步，别走太快
秘密就是力量
保持清醒
盐巴姐妹
创造自己的生命线
生命线步骤
拥有生产力

197 后记　串联点滴
207 改变人生的周末推动计划
213 琼·安德森的智慧叮咛
225 读书会导读

在这本书里，我用了许多女子的声音和故事，她们都是我过去9年里认识的人。有些例子是综合体，有些例子直接取自我的周末工作坊，有些例子则来自我为此书进行的一些访谈。无论是哪一种，为了保护这些女子的隐私，我都不用她们的真名，因为她们都还在成长蜕变中。

引 言

大凡30到70岁之间的女性,都可能提出同样的问题:"在我为所有人做了一切事之后,我自己该成为什么模样?"

"不可能有所改变,"我听见有人这么说,"这太麻烦了。"

"我的担子那么重,怎么可能完整地回答这个问题?"也有人这么说。

好吧,也许是这样。但正如你所知,我曾为了满足每个人的需求与期待,而变得很空虚,甚至到了绝望的地步。单纯地活着已让我再也撑不下去,我知道我需要倾听心的声音,开始多照顾自己一点。但我和你一样,不知道该怎么做。接着,有那么一天,我决定改弦更张,一度离家出走。从此,我不再回头。

那次出走纯粹是一时冲动,当时我已是半百之人,心想再不做就没机会了——我打算去倾听心的声音,或是继续随波逐流。在我的内心深处,我知道有无数没人听见的渴望、构思与计划,长久以来,我已经习惯对它们视而不见。该是解放它们的时刻了!离家出走似乎是唯一的答案。到一个我可以离群索居的地方——远离朋友、家人和外在的影响,这可以帮助我重新开始,回头重新联系过去的我,以及我想成为的我。

当然，这是必须付出代价的。我决定独自搬到科德角（Cape Cod），这个想法对我的亲朋好友来说，就算未对他们构成威胁，至少也是不受欢迎的。除了一个摸不着头脑又愤怒的丈夫之外，还有许多朋友与旧识都说我自私，其他人则断言我已经成为一个激进的女性主义分子。我对最后这个粗糙的标签怒不可遏，难道他们看不出来我只是站在人生的转折点上，我只是需要一个新的方向吗？然而，这些论断仍旧让我感到万分惧怕——我似乎已经失去悲悯之心，甚至已经有点疯狂了。但我只知道我又累又空虚。我们的文化坚持要我们去做事（do），而不是做自己（be）。我心中柔软的部分已被深埋，我甚至不太喜欢自己当时的生活。

独居一年的时间里，我的足迹踏遍科德角所有的沙丘与海滩，也渐渐理出了头绪。我重新探触自己的本能与直觉，修复了因为忽视自我而产生的伤痕，并挖掘出一块崭新的画板，我可以在上头重新设计我的余生。一路走来，我觉察到了许多撒在路上带着倒钩的标签对我毫无影响。它们反映的只是旁人对改变的畏惧，以及因为无法再依赖我而产生的恐惧。我的任务只是要救一个我唯一能救的生命——我自己。

在那一年，我有幸遇见一位睿智的老妇人——琼·艾瑞克森（Joan Erikson），她成为我的好友与导师。我称呼她为老琼，她嫁给知名的心理医生艾瑞克·艾瑞克森（Erik Erikson）为妻，和他合作发明了一套认同危机的理论，认为"个人认同"是由8个人生阶段的循环组成。她除了和丈夫共事之外，还是个画家，也是个很好的听众与探索者。她教我如何迎风起舞，如何拾起生命中掉落的线头，如何活在当下，如何滋养关爱我的身体，以及如何热爱探险（热爱探险中那永不止息的探索精神）。她的友谊支持我走过这趟艰困的旅程——她用笑声和她热爱的歌曲为精神委顿的我打气，她在分外寂寥的暗夜陪伴着我，她帮助我走出绝望，找到我的目的感，鼓励我找回生产力，分享我的故事。我珍视她给我的最重要的课题：任何出现在我们眼前的智慧和任何人提供的支持，我们都有责任接受；然后，最重要的是，将它们传递下去。

因此，当一些老朋友来访，注意到我不仅步履轻盈，神态更是快活无忧时，她们就说也想像我这样。于是，我从头忆起那带领我走向转变的各个步骤。最初的几个月里，我都是在暗中摸索，只是让日子一天天过去，而没有清楚的方向和目标，但我的经验确实形成了一个模式，还有若干练习帮助我继续前进。在老琼的鼓励之下，我将我的故事按时间顺序写成3本畅销的回忆录，目的是鼓励其他妇女走出自己原有的生活，就算不是出走一年，也要离开一星期或一个周末，学习倾听自己的心灵想要诉说的话。

那些书挑动了许多人的神经，无数妇女涌进书店想要见我，有人邀我出席她们的读书会，还有数不清的信件与电子邮件，都是在表达她们解放的心情，因为终于有人将她们的感觉诉诸文字。慢慢地，我无力再回复这些信件。每一个人都想要更多——更多故事，更多灵感，更多指引。有两封信阐明了这个重点：

我刚读完《漫步在海边》(A Walk on the Beach)，心荡神驰，不能自已。在我人生的这个时点，过去27年来我所知所为的一切均将来到终点而有所改变，我敬佩你有勇气掌控自己的人生。但你都是如何做到的呢？可以给我一些建议吗？有没有什么样的准则可以让我一路追随？

我刚读完《海边的一年》(A Year by the Sea)。你的书在许多方面触动了我。

我今年52岁，是该重新塑造自己的时候了。干脆收拾行囊到海边去——这个方法好极了，但对我来说却是极不可能实现的。我似乎被冻结在我的空间里，我也想离开一段时间，但如果永远离开就未免太吓人了。你如何拥有这股勇气的呢？你是如何活过那些乏味的时刻的？你怎么样让自己不会不耐烦？在你的书里，这一切都显得很简单，但我知道事实不是这样的。我该怎么做呢？

显然，其他女性在自己所扮演的角色之外，也都想要实现其他的目的。她们需要的只是时间，最好有人在旁敲边鼓表示支持，外带一点温和的引导。因此，我开始主持"海边周末营"（Weekend by the Sea Retreats）。大约8年后的今天，各种女性从全国各地来参加这些周末营，以及在各处巡回举办的工作坊。这些女子的自我，被她们日复一日、年复一年的岁月彻底掩盖了，如今她们来这里学习如何将它们挖掘出来。她们在沙滩上漫步，分享自己的故事，以及在我的后见之明的协助下，重新找回她们真正的自我。她们都带着痛楚而来，说她们的婚姻如一摊死水、孩子需索无度、空巢期刚开始、上司傲慢自大、事业没有一点挑战性，或者，是的，生命已经失去光彩。我迎接她们，说："欢迎成为我们的一员，姐妹们。该是重生的时候了！"

这些妇女都是些什么样的人呢？自以为无所不能的女强人；孩子已经离家而渴望有个新方向的家庭主妇；新寡或刚离婚的妇女（在这成双成对的世界里，不得不面临一个寂寞的未来）；年轻的妈妈（首度逃离生活中不停需索的噪音与活动）；怀疑自己是否错失了什么的未婚单身女性。除了做母亲的人之外，还有许多女儿、姐妹、姑姑阿姨、祖母和朋友，来自全美50个州和加拿大。她们既绝望又充满勇气——准备要付出一切做好自己。在周末营里，她们学着活在当下，脱离常轨，弃绝教条，沉溺于偷闲的时光里，完美地接受自己的不完美，采取行动强制改变。

对许多人来说，真正地出走，即使只是一个周末，都是一件奢侈的事，但我们无论如何都必须找出时间让自己做出改变。是的，有许多束缚牵绊。但这些大多是我们自己一手造成的。我上电视节目《奥普拉脱口秀》时，曾谈到离家寻找自我的观念，期间前排有位女士举手，坚持说她不可能做这样的事。"我有好几个孩子，"她抱怨说，"还有一份工作和一个丈夫。"

我感觉到她认为我的故事很难理解，也觉得愤愤不平，但我摆脱我的罪恶感，挺直了身子，直直地看进她眼里，问道："一年里面有8760个小时，你却连24个小时都找不出来留给自己，你不觉得很可怜吗？"

"可怜！"奥普拉拉长了声调，慢条斯理地回答，"你听见了没？可怜！"

观众一阵哄堂大笑，但在节目结束之后，过了许久，我才明白我们谈到了一个重点：如果女人找不出时间来让自己恢复元气，那的确是很可怜的。事实上，我认识的妇女之中，没有一个人敢说，她的家人会硬要她找出20分钟的快乐时间，更别谈有谁会催促我们去寻找自由或解脱了！我们必须伸出手去自己抓取。这个伸手的动作需要大量的意志与勇气，但是正如琼·艾瑞克森有一回跟我说的："坐在那儿等着生命来找你，那才是真懦弱。"

不要继续在我们的皮肤之下当个陌生人，一分钟都不需要！我们已经当好女孩当得够久了。这本书就是要激励你获得新生的。其中有些是我在海边那一年按照直觉实行的步骤，或是在海边工作坊遵循的程序，外加一些我自己和其他妇女的故事。

我并不打算让它成为一件艰难的工作，也没有任何时间限制。我们女人不需要更多的工作，或是任何人来告诉我们该做什么。况且，心灵的工作是不能有时间架构的。寻回自我的道路就和踏上这趟旅程的妇女一样多，而且到头来人人都必须设计自己的路径。

有些人也许宁可让自己的焦虑简单溜过。她们不想听到什么轮到她们上场的话，不想让别人把她们从她们自己的角色中拖出来，不想克服自己多年来根深蒂固的怯场习惯而走进聚光灯下，不想发出声音、大声喊道："我要，我需要，我就是我。"

但是使她们裹足不前的并不只是这些心理障碍而已，她们也缺乏引导。我们都需要更多的导师。我们的传统支持体系瓦解了。有太多家庭因为离婚或分居而使其成员相隔两地。母亲和女儿很少分享同样的信息、价值观或期望。太多人觉得孤立无援，动荡漂泊。本书中，我写出我自己的故事，外加其他参与周末营的妇女的故事。我希望你能够开始自在地表达自己的需求，对我们追求自我的过程也不会觉得不安，并能够开始寻找你的支持网。

这不是一本传统的实用秘诀书。我无法忍受那种书，它们总是假设我们只要记住那些步骤，遵循那些规则，就可以令自己变得完美。谁要变得完美？完美是注射肉毒杆菌除皱，拥有标准身材；上天从来没打算让我们变得一模一样。不是的，这本书是要给你一个脉络背景、一种社群感。你只要慢慢翻阅这些章节，或是利用一个周末的时间，实施本书后面的各个"推动计划"步骤。你可以和朋友分享，或是自己进行。周末营的朋友会肯定地说，离开家庭一个周末并非不可能，而且可以得到一个能够改变一生的体验。因此，我力劝大家，每个人都要设法找出这个时间来。你可以利用后面的一些空白页，记录自己的成长，或是自行写出一本日记来。

无论你决定如何使用这本书，我都鼓励你去买个日记本，一面读一面写。你的反应和我的文字会形成对话，也会成为你原创点子的跳板。我在那一年，记下了我所有的想法与体验，而且我会不断回头参考它们，以从中得到鼓励和灵感。你可以视自己的需要，前后跳跃式地阅读不同的章节，但是最好从"周末之前：知道自己需要改变"那章开始看，才能明白自己也需要改变。

我们必须重新评估自己的例行事务与规则，在这场奋斗之中，我们大家都是姐妹，因此需要鼓励彼此去冒更多的险。正如艾略特（T. S. Eliot）所说："唯有那些冒险走远路的人，才可能发现自己能够走多远。"

因此，若你渴望找到真正的自己，振奋自己颓废的精神，想要即起即行、豪放一番，甚至只想自由地享受当下，放开想要掌控的双手，修复受损的心灵，或是寻回被自己埋藏的部分——这本书就是为你写的。这是你的机会，你可以就此深入了解你自己的问题，改变平时的例行公事，远离规范，质疑现状，每天找回一点属于自己的时间。毕竟，生命就只是一个响应而已。

在每一个女人的生命里，总会有个时候，你必须为自己负责。你的时候到了吗？当然，这会需要一点训练、决心、信任与时间。但是到头来，你就会明白柏拉图的话："未经检视的生命就是被浪费的生命。"因此，向前走吧！即使你心底的声音说不要，依然纵身跳下，然后不再回头。这回终于轮到你了。

周末之前:
知道自己需要改变

醒醒啊,姐妹,该轮到你了!

当土壤因为耗竭而贫瘠,心灵就有了段休耕的时间。

——霍华德·瑟曼(Howard Thurman)

承认你已经迷失

完整的生命是需要培养的。当我们放下手中的犁,不再播种,忘却施肥,就会丧失我们的庄稼。然而我认识的大多数女子,都是为了某种更伟大的利益,而让自己的生命憔悴枯萎。

我们被教会适应的艺术,因此大多养成了一种无我的行为模式;我们为了支撑起别人的生命,让自己活得单调乏味,我们不再能够想象任何冒险、浪漫的事或自己存在的目的、意义。简单地说,我们已经偏离轨道,不再满足自己,而只是愚蠢地以为,在我们做了这么多,在长久的施与、尝试与劳碌之后,有人会给我们一些补偿。但是白马王子是个不太好笑的笑话,童话故事里善良的仙女都死光了。我们并没有从此过着幸福快乐的日子,大多痛楚而终。我们每天醒来都觉得内心遭到啃噬，渴求得到更多，期待来一次大检修，但我们毫无头绪，而且已经疲倦或是沮丧得无法有所作为。我们这一生就像个大水罐一样，不断地把自己往外倒。难怪我们会觉得空虚。可是我们又缺乏所需的能量、可以帮助我们的准则或是任何形式的引导与支持。是的，该是改变这一切的时候了。

第一步就是承认自己已经迷失。在英格玛·伯格曼（Ingmar Bergman）的电影《面对面》（*Face to Face*）中，珍妮是个成就不凡却心灵空虚的女子。她说："我们（女人）演好自己的角色；我们学会台词；我们知道人们会希望我们说什么。到头来，甚至不用刻意去做，因为我们随时都是战战兢兢的。"要让我们放弃表演习惯，回复幕后本来的面目，这似乎是不可能的任务；不过事实并非如此。

我是个居住在郊区的妈妈，有两个儿子；我是个忙碌的生意人背后的支柱；我是个好女儿和好媳妇，孝敬四个年老的父母，也是个可信赖的大家庭成员和别人的朋友。我被我的工作行程和电话绑住，我以自己为荣，因为我是个多功能的奇迹，我可以一路治疗我擦伤的膝盖，收拾受伤的心情，甚至挽救一些朋友濒临破碎的婚姻。一通电话，我就会高兴地开始经营学校的义卖，处理教会的募款，为足球和篮球比赛切橙子、倒汽水，同时在本地报纸上投稿，好为他们赚点蝇头小利。我的行事历都填满了，以至必须在边缘的地方多贴一些白纸。

我会在早上跳下床来，穿上衣服，做好早餐，装好便当，跟大家挥手再见，再清理厨房，出门散步，办好杂事，处理好工作上的差事，回到厨房去准备晚餐，然后进行另一回合的清理，跟每个人亲吻道晚安，最后再回到自己的床上。大多数时候，我表现得太好，甚至没有人会来帮忙。如果有人想要插手，我就会把他们推开，我有自信能掌控一切。

我很疯狂，但我觉得自己很重要，很有成就感。毕竟，我不是曾安排了最成功的晚宴、最完美的假期和最特殊的家庭活动吗？我会帮助别人，而且他们的进展和微笑似乎就足以令我满足了。我的自我价值来自担任一个家庭的照护者，仿佛我生来就是为了扮演这个角色。

回头想想，我发现这样的训练是从青春期开始的，当时我的身体开始有了自己的生命。一旦荷尔蒙开始分泌，接下来40年的岁月就已经自己画好了地图。我渴望求偶、生殖、照护，这些渴望都比我自己坚强——令人眩晕的刺激与欲望，还有角色扮演的激流一路将我淹没。

但是担任这么一个隐形的付出者，终究是有缺憾的，有种感觉始终徘徊不去，我过得并非真的如此充实。怀疑的感觉时常溜出来，给我一阵莫名的刺痛。例如，当我妈妈在帮我准备晚餐时，她会不时叨念着她那老掉牙的经文："做妈妈的人总是啃鸡翅膀。"那是一个古老的笑话，讲的是在大萧条的年代，聪明的家庭主妇有办法用一只小小的烤鸡喂饱一家六口。然而，每当我听见母亲谈到她必须吃那最没人爱吃的部分时，我就不禁替她觉得难受。难道母亲不重要吗？难道她不是和其他人一样，也需要营养？

我们的儿子上大学之后，这些怀疑的声音更常出现。行事历上开始出现空白，我突然多出了太多无所事事的时间。现在我该做什么呢？令人沮丧的是，我一点头绪都没有。我一向忙着照顾别人，却忘了自己也有需求，也有欲望和目标。于是我和我的女性朋友们相聚时，酒喝多了，我们就开始相对而泣。我们都蓦然发现，自己始终没想到应该投资自己个人的未来。更令人难以接受的是，吾友雪若的结论是："你不会因为更年期到了，就得到一块金表作为奖赏！"

为了抚慰受创的心灵，我们开始去看电影，主题总是与女性处于人生的十字路口有关，我们就想看看每一位女主角都是如何走出泥淖的。在《再见爱丽斯》（Alice Dosen't Live Here Anymore）里，伯斯汀（Ellen Burstyn）离家出走；在《第二春》（Shirley Valentine）中，雪莉也离家出走了；在《不结婚的女人》（Unmarried Woman）里，吉尔·克莱布格（Jill Clayburgh）躲进一连串的婚外情之中；而在《权势下的女人》（A Woman Under the Influence）这部片子里，可怜的吉娜·罗兰兹（Gena Rowlands）发疯了。

这些故事都没有给我们一个有力的解决方案，因此我们各走各的路：维吉尼亚去申请攻读法律专业；艾德丽亚取得了她的房地产中介执照；新寡的朱迪则找了个情人，一起环游世界；海伦"出柜"了；茱莉当了祖母后热情地带孙子；雪若则是和丈夫一起跑到缅因州——她最爱的一座岛上。我为朋友们的行动鼓掌，但是她们的选择对我来说，更像是希望借由外务或新的恋情来转移自己的注意力，而不去理会自己的渴望。我有别的渴求，却又似乎找不到。

我猜我是在期待一个征兆或事件，像是某种仪式的发生，让我得以解脱，好自由踏上新的跑道，有个新的身份。确实有些仪式：我的儿子们大学毕业了，搬到了他们的新家；有一个结婚了，另一个也已经订婚；父亲过世；丈夫步入50岁。但这些转折都只是绕着别人打转。虽然我与这些事件密切相关，也受到它们的影响，却没有一个事件是以我为中心的。同样，我又在等待各种特殊时刻、节庆，而在经历这些事件的激情过后，我的心情又跌到谷底。

然后在一个圣诞节假期，我去看望已婚的儿子，当时我开始真正感觉到，自己必须停止向别人求助；生命中的任何改变，都必须由我自己发动。打从罗宾和我抵达儿子家，我就觉得自己像个外人。孩子们有自己对佳节的看法，虽然他们请了双方的家人，但大多数的计划对我来说都是陌生的。更惨的是，我想要提供的所有协助好像都没人理会。我不断地跟自己说，孩子们必须拒绝我们，才能过自己的日子。但我还没有足够的心理准备去接受这种权力的转移，也无法接受我这全新的小角色。因此我退回卧房里，以免显得尴尬。许久之前我就知道，中国式的"婆媳冲突"的爆发，多因两个女人住在同一个屋檐下。我决心不让自己置身于这种处境。

如果要我说实话，我只想扮演我过去的角色。我要继续设计与掌控传统的佳节——做我们老祖母的咖啡蛋糕，打开圣诞袜，在拆开礼物之前吃个早午餐，吃完班尼迪克蛋才算结束。但是，许久之前我就明白，留在"我要"的位置上只是自我意识作祟而已——我还是要儿子们觉得我重要，我要用我的方式过假期，我要佳节过得就和过去一样。我必须放下"我要"，开始专注于"我是"，才能找到我所追求的新生活与快乐。是时候成为新的自己了，第一步就是承认我已经迷失。圣诞节之后不久，有件怪事发生，迫使我必须更进一步倾听自我的邀约。我的喉咙出现一种奇怪的感觉，渐渐地让我几乎无法吞咽。我心想可能是食道癌，或至少是严重的胃食管反流！我在恐慌之中，急急地跑去找我的内科医生。经过几次检验之后，她的结论是，目前什么事也没有。她没开药给我，只是给我一本书——露易丝·贺（Louise Hay）写的《创造生命的奇迹》（*You Can Heal Your Life*）。在这本小书中，露易丝指出，负面情绪与严重的焦虑往往会导致身体的疼痛——这是身体在告诉我们，要改变我们的模式，必须活得不一样。就我的情况来说，我必须承认，我只是再也"吞不下"我的生活方式了。因此,我排除恐惧,开始了寻找新自我的寂寞功课。

我开始找的那个心理医生为我的觉察喝彩。"恭喜你要开始做自己的英雄了,"她说,"这是困难又孤独的工作。你得破除过去的模式——像你这么慈祥的女人,做到这点并不容易,但是很值得。"她持续提升我的意识,却没说应该如何从这些愚蠢的模式中走出来,我应该如何抚慰内心的痛楚,或是该如何成为自己的英雄。我依然如在雾中,不知如何进行,只能继续和我的冷漠、枯燥与停滞不前的感觉战斗。

破釜沉舟

该是命运介入的时候了。当时,我的丈夫宣布,他在邻州找到一个很刺激的新工作,因此两个月之后,我们就要搬家了。我们?我发觉自己在琢磨着:凭什么假设是我们?我不可置信地听着,心里却出现一个应对的计划——我要把它当成一个为我自己做点什么的机会,然后到我们在科德角的小木屋里住一阵子。这些话脱口而出,两个人都吓了一大跳。以前我如果口快,总会马上退一步,为我的欲望与意见道歉。这回我没有。直觉告诉我,我必须走上这条路。

不过破釜沉舟是一回事,要怎么过河又是另一回事。这肯定是个冲动的决定,而且在我到达小木屋之前,我都还完全不知道自己要做什么，那里没有人迎接我，也没有外务可以让我分心。

打开门锁，走进一个被窗帘遮蔽的阴暗地，对照我刚宣布的伟大出走，显得很讽刺。我很快扯下褪色家具上覆盖的布，打开窗户去除霉味。但是我做的任何一件事都无法让我在这个熟悉的环境里觉得舒服一点。因此我迅速离开这个空巢，奔向海边。走在海滩上总是可以治疗我的神经过敏，我迫切期待那海浪的泡沫与狂野的波涛所带来的喜悦。结果我只看到平静无澜的大海，看不到任何能量或动静。我走近点看，才注意到那熟悉的圆圈，这表示是退潮时刻——在这段时间里，海水进不来也出不去，只是来回打转。或许，我的结论是，退潮的海对我而言，象征着我应该沉溺在一种心理休眠的状态——也就是说，我也得退潮休息，让自己中立一段时间，也许这有助于抚慰我痛楚的灵魂。

接下来的几天里，我将我的露营用品打包，在预计退潮的时刻到达海边。我蹲在帐篷里，将双腿抱在胸前，随着海水的韵律摇晃着。我试着回头看，想找出我的生命被打乱之前应该会看到的一个景象。

我能够忆及许久之前的若干事件，但最近这一年的回忆却是一片模糊。即使最小的细节都得花上好几个小时才能想得起来，更别提一些大日子。但是继续练习下去，我终于想起了我的生日，一趟到西部的旅游，一个杂志社的邀稿，以及因为背痛而必须卧床。我将焦点放在这一年之后,花了一整个雨天,回想每一个事件:它很好玩、刺激、困难、不幸、悲伤或令人沮丧吗?大多数时候,我的回忆都只是零星的片段,许多经历回想起来,似乎都只是令我感到筋疲力尽而已。

我决定要在所有令我疲惫的事件上画上方形,在所有让我开心的事件上画上三角形,在所有和我的丈夫共同面对的事件上画上心形,最后,在时间只花在我自己身上的事件上画上圆形。我看着整个画面,感到无比惊讶。整张纸上,竟然几乎都是方形:一个小小的练习,结果竟令我大开眼界。我确实是为别人活得多,鲜少为自己而活;而我给予他人的欢乐,多过自己所得。我疲惫不堪,更严重的是,那是我自己的错。我不知不觉成了自己执着的计划、执行与组织的被害人。

最悲惨的例子是我们儿子的婚礼。因为新娘的父母住得很远,我只能运用很少的预算,去安排整个婚礼。我以为自己会得到很多乐趣,结果却因为时时顾虑那许多细枝末节是否完美(那是肯定的了),以至于事后对这场婚礼毫无印象。几天之后,我急忙跑去洗出所有的照片,那样我才能看到与婚礼相关的画面,同时希望能够记起那一切我错过的壮观与华丽的画面。

让你的生命得到应得的关注

我逐渐得出个结论，无论大型事件还是小型事件，如果你想问问自己，在事件进行当中与发生之后的感觉是什么，你都必须花点时间，让自己静下心来。"我对我安排给老公的惊喜宴会的感觉是什么？"我的意思并不是说："蛋糕看起来如何？客人很开心吗？他喜欢那些礼物吗？比他为我安排的宴会好吗？"我的意思是："我的感觉是什么？我喜欢吗？工作让我觉得很累还是很开心？如果我必须重来一次，我会办这个宴会吗？参加这个宴会时，我希望自己得到什么？我得到了吗？"当我们忙于照顾别人、扮演各种角色时，我们往往不会问自己这些问题。

在那个雨天的练习之后，我对自己发誓，在下一年的行事历中，我一定要得到比较多的圆形。我将原来那一份行事历贴在冰箱上，以便提醒自己。我的结论是，有个成功的方法就是开始同情自己。我认识的所有女子当中，只要太有悲悯之心，总会为自己带来困扰；那个优点到头来几乎总是会拖垮我们。我们张开双手，敞开胸怀，关心别人的问题，一直到我们撑不下去为止——完全没想到自己，不久我们就发现自己正在被迅速掏空。

我最喜欢的一位作家克拉丽萨·平蔻拉·埃思戴丝（Clarissa Pinkola Estés）将此称为"成为大家的一切"情结。她在《与狼共舞的女人》（Women Who Run with the Wolves）一书中，继续说明：

女人通常会花时间处理身体健康的危机——尤其是别人的健康，却忘记留下时间来维护自己和灵魂之间的关系。她们似乎不明白，灵魂是她们的活力与能量最主要的发电机。许多女人极力消磨自己和灵魂之间的关系，仿佛这关系是微不足道的。但它就和所有重要的工具一样，需要有个遮蔽的处所，需要清洁、上油、修理。否则，就和汽车一样，这关系就会出现积碳，减缓女人日常生活行进的速度，使得她连做点小事都得花上很大的气力，最后终于崩溃而来到伤心岭，远离城镇和电话，然后就得花上很长的时间才能回到家。

女性终生照顾他人，一种微妙的痛楚于焉滋生，而埃思戴丝对女性的形容，恰恰说明了它的成因：那是因为我们迷失了自己。在内心深处，我们知道自己的声音没人听见，而我们自己却是它们唯一真正需要的听众。我们需要将自己的悲悯之心转向，拥抱自己。

有数百名女性参加了我的海边周末营，因为她们终于决定不缺席自己的生命。在最初的课程里，她们跟大家分享自己为什么来到这里。有些人说的是丈夫不忠，孩子、父母或好友过世，搬家，遭到裁员，离婚等几乎毁了她们一生的重大事件，但是大部分人都只是诉说一些在心中盘旋的不满情绪。她们谈到自己需要放松、充电、再生。她们来这里寻找生活的目的，想要再做梦，再参与自己的人生，恢复自己的信心。有些人想要得到一点乐趣，逃离一成不变的生活，脱离常轨。无论原因是什么，她们说完之后，我都会陪她们做行事历练习，为她们的命运封印。她们就跟我一样，行事历上几乎都是方形，因此再也无法否认，痛楚的背后有一个迷失的自我。无论她们是在之前还是之后感觉到这一点，如今她们都已经明白，为了抚慰自己的痛楚，她们需要找到真正的自己，明白自己想要成为一个什么样的人。

杂乱无章的行事历

你的行事历看起来会是什么模样？你会有惊人的记忆力可以记下一切，或是跟许多人一样，只是一片空白？千万别忘了，这个练习是要看看有多少事情你无法记得（这就等于你没出席自己的日常生活），以及你真正为自己做的事是如何的少之又少。

用接下来的30分钟回想去年。任何时点开始都可以。选择一个月份，不要看你的日记，试着回想起各种与你、与你的事业、与家人相关的活动、事件与意外。

一月 _____

二月 _____

三月 _____

四月 _____

五月 _____

六月 _____

七月

八月

九月

十月

十二月

十二月

尽量列出你能记起的事件，在你觉得令自己疲惫的事件上画一个方形，在令你觉得精神百倍的事件上画一个三角形，在你和你的伴侣或家人一同参与的事件上画一个心形，并在你为自己做的事情上画一个圆形。现在，回答如下问题：

· 你对去年这一年的感受如何？

· 让你得到快乐的事件是什么？如何得到的，为什么？

· 有哪些经历是痛苦的来源？为什么？

· 大多数事件都是由你或外来的力量策动的吗？

研究你的行事历，了解你的目标是参与你自己的生活；你的人生并不只是由你所扮演的角色和你所做的事驱动的；你的动力应该还要包含你自己体验到的欢乐。

行事历管控

最近有个来自马里兰州的周末营之友，她一语道破这个练习的价值："这个管控行事历的练习使我如梦初醒。我一点都不记得自己去年做了些什么，我只是像只无头苍蝇一样忙着。现在我警觉到生命的脚步是何等快速，也比较清楚地意识到自己的所作所为，以及自己究竟是如何生活的。我为自己买了一包星星贴纸，每当我做了一件令自己快乐的事，或是特别为我自己做了什么，就会在行事历上贴一颗星星。"

并不是人人都能够一眼看出行事历练习的价值。在我的周末营刚开始不久，一名女子带来一个充满抗拒情绪的朋友。这个朋友认为周末营的设计和我想要传递的讯息大多侧重感情关系，而据她所言，她的婚姻很幸福。第一部分的练习她做得很快，可以轻松记起一整年内值得一提的事件。但是当她开始记录她的行事历时,她的速度却慢了下来,姿态也改变了。我瞥了一眼她的行事历,看见有很多方形和三角形,而且往往都是针对同一事件的;她的心形和圆形少之又少。大家都完成之后,她第一个举手开始发言,简直像对着一伙人咆哮。

"真是不可思议。我觉得很可笑,简直像个叛徒一样。我一直以为,因为某些活动是我先生和我一起去参加的,那些夜晚就一定是值得回味的。但我静下心来想一想,强迫自己把做过的事和当时的感觉(它让我觉得很开心还是令我疲惫不堪?)分开,才发现我做的事很少只是单纯因为我想要。整张行事历上,我只有两个圆形——我和我姐姐一起在她的花园里种花的那个周末,以及我待在这里的这个时间。我突然觉得我好像不是自己生活的一部分。"

刚开始做行事历练习时,无论你的感觉如何,它都应该成为促进改变的催化剂。有许多女性感到空虚却不明原因,而行事历练习所扮演的角色,就是要将大多数这类女性唤醒。

我现在变得很有时间观念——关注时间,利用时间,确确实实地活在当下,如今(比起9年前)我的行事历中,使我疲倦与令我感到快乐的时刻平均分布,而且里头的活动大多是我有心想做的事。有趣的是,行事历上圆形最多的女人,谈论的都是抽空走一趟不一样的旅程,和昔日的手帕交重聚,或是利用长跑或户外探险作为训练方式,以挑战自己的身体与灵魂。

　　重点是，我们必须学着接受自己、宠爱自己。一些小小的活动，像是在假期里来一趟指压按摩、洗个泡泡浴，而不是洗碗盘；找个午后，把自己埋在床上的杂志堆里。这些都是好的开始。到头来，你终究会开始问自己一些困难的问题，像是关于目标、需求、受损状况以及拥有更多乐趣的方法的问题。但是现在，先在下个星期为自己排出一天的空闲时间。

　　完整的生命是需要培养的，大多数女性的生命都需要些许休耕的时间，才能修复我们的身、心、灵。我们必须学会体验自己的季节（一如新生的植物），才能够孕育新鲜的水果。无论你是30岁、40岁、50岁还是60岁，这个时刻就是现在。最困难的总是第一步——你没有必要跨出一大步，但你必须毅然决然地把门打开。

章末摘要

- 承认你已经迷失
- 认清并探究你的痛楚
- 正视你的行事历
- 宠爱自己

"但是"对上"而且"

今年春天,有3个星期的时间,我在国内穿梭往返,开新书发布会,来回往复。有位好友从我的声音里听出了疲惫,于是体贴地跟我说:"你实在需要给自己放一个星期的假。"我笑着说:"是啊,但是我礼拜三晚上还有个新书签名会呢!"她试着提出更多建议,好帮助我放松自己,包括她过来找我并帮我带来晚餐和一瓶酒,结果没有一样行得通。我满脑子都是那个签名会,以及它是如何糟蹋了我的生活,让我失去偷闲一星期的机会的。我陷入"我要"(I want)的泥淖,而无法走进"我是"(I am)。我就卡在那该死的"但是"(but)里。

假如我跟我的朋友说:"是啊,我是需要放个一星期的假。谢谢你的关心。而且我星期三晚上还有个签名会呢!"这会有什么不同?首先,整个对话的基调都会变得比较正面。我的朋友不会觉得像被泼了冷水,我也会因为自己的态度良好而觉得心里舒坦一些。其次,我会发现自己是有选择的。我可以把签名会当成是一周假期的一部分,或是我可以选择不去。是的,时间是不够,而且永远也不会够。得靠我自己去设法经营这个星期。

你在征询朋友的建议时，是否经常在她连话都还没说出口时，你就切断她的话头，说："但是这根本不可能，因为……"或是"但是我怎么可能这么做呢？"。我们以为自己需要建议，对旁人的想法也觉得好奇，但我们的反应却显示自己还没有足够的心理准备，无法真正向前迈进或尝试用新的方法解决问题。

人们都想自己做决定，掌控自己的命运，我想这就是人性。然而，当我们进退不得时，我们就会想要靠别人拉我们一把，让我们脱离困境。要做到这些的要诀就是我们必须放手、放心，才能接受新的选项。有许多朋友在询问我的意见时，就像是在做练习题一样——他们喜欢找别人做些意向调查，收集赞成与反对意见，然后再自己做出最后的决定。每当我说出真正的想法，而他们却与我争辩，或是抛出"但是"这个词时，我便心知，即使再过一段时日，他们也依旧停留在原地动弹不得。

"但是"之所以迅速出现——何必去注意我们要什么，留在原地岂不是简单得多？——我想是因为那样我们就不必采取行动，也用不着勇于表现。当我们已经忘记如何满足自己的需求时，我们又怎么能安然自在地表现自己呢？

"但是"是个阻断性的词。我们用到它时，说穿了就是想要来个缓兵之计，让事情搁置下来，以及暂时不要改变我们当时的处境。然而，当你将你的反应由"但是"改成"而且"时，你就是在设法开展并包容新的可能选项。"而且"是个具有包容性的词——它让事情有所进展；它表示此人愿意多些构想，而不是停止行动；它表示此人能欣赏改变，而不会自陷窠臼。经过我和朋友的那段对话之后，我用我的态度做了个试验，发现改变我的说话及思考方式后，我会变得快乐一些。以上述事例来说，我决心不要只想着无法休息一整个星期，不能赖在床上，而是要看见我圆满充实的生活。人们会买我的书，会想和我见面。我将障碍化为赞美，然后看看行事历其余的部分，留意是否有其他活动可以略过或重新安排。

　　下次你在寻求建议或是在与人对话时，观察互动之中出现了多少个"但是"。用到它的时候在心里记上一笔，并留意你这么做时，是如何冻结了一个思想、念头或行动。一段时间之后，试着别再用"但是"，再看看它如何影响你的日常生活。当我们陷入泥淖而必须做出抉择时，我们就会觉得饱受威胁，因为这意味着改变。当你相信自己有能力掌控这些抉择时，你就已经开启了自由而开放的新篇章。

星星的力量

为了保证你一定会留些时间给自己,有个简易可行的方法,就是买一包星星贴纸,放在你的行事历旁边。每当你勉强挤出一点时间给自己,你就在那一天的行事历上贴上一颗星星。不久之后,你的行事历上将会星光灿烂。

这个简单的点子是一个朋友想出来的,以前她觉得根本就不可能先考虑自己。现在她很喜欢看到那些亮闪闪的星星,而且会做到让更多星星贴在她的行事历上。同时,当她的家人问她为什么行事历上贴了许多星星时,她回答说,它们代表的是她善待自己的时刻。大家都觉得有道理,因为当她要把时间留给自己,而不是用在家人身上时,大家会觉得不太妥当。而今这些星星消除了这种感觉。一段时间之后,每当她上美容院修剪指甲,或是来一次长途骑行,或是和朋友一起消磨一个下午,家人就会提醒她,要给她自己一颗星星。

要开始好好照顾自己,最简易快速的方法,就是运用星星的力量。

星期五:
抽离的重要性

自我始于抽身走开

女人必须自己变得成熟。她必须独自找到真正的重心。她必须变得完整。

——安·莫罗·林德伯格(Anne Morrow Lindbergh)

说说独处

我在海边的那一年距离现在已经9年了。家人来来往往,看着两个儿子都成了父亲,看着丈夫有了转变,母亲因为健康的因素搬到了附近,我的事业现在已经有太多截止期限要赶。人生的一切变了很多,但是有股热情依然存在——我每天都需要远离人群,寻找独处的时刻,好让自己活在当下,集中注意力,让我个人的性灵维持活跃。

我和全国各地的女性谈话时,总会努力让她们了解独处与寂静的好处。因为在独处的时刻,我们才会有能力倾听自己的声音,为自己的人生和思想做主,抚慰自己的痛楚。但是对一个行事历不仅被填满,还必须多贴一张纸的女人来说,她又要如何寻找独处与寂静的时刻呢?只有一个方法——抽身走开。她要勇敢抛开生活中的责任、活动与例行事项,才能够让自己拥抱当下,达到内心的寂静。

我们已经谈到我们有多么忙碌,我们如何关心别人,也触及我们都感觉到的痛楚,但还有别的东西要考虑——我们没有给自己应有的时间与空间,去慎重处理生命分配给我们的转折。回头看看去年的行事历,你列出来的事件中,有多少包含了重大的转折——也就是某一事件发生之后,你的自我感或地域感有何改变?更重要的是,在那些转折出现之后,你是否给了自己一些独处的时间,以便了解事件发生后出现了哪些衍生物,你的感觉又如何?或者你只是快速前进,一手握着手机,另一只手抓着汽车钥匙?我逐渐明白,任何类型的改变,无论大小,都可能使我们的身体和性灵受到惊吓。这些惊吓如果不处理,就会在我们的体内生根,包围我们的灵魂,以致不可避免地留下痛楚。

就我的情况来说,一系列事件壅塞了我的性灵,使我打包前往科德角。丈夫工作上的变迁当然是催化剂,还要加上我的父亲骤逝,两个儿子离家,最好的朋友搬家到缅因州,还有一个和我合作撰写了许多童书的人选择终止伙伴关系。我的生活模式全然改变,一切都不同了。我住在一个陌生的地方,我的直觉告诉我,唯有处理好那些伴随改变而来的伤痛,我才能重新取得平衡。生活上的改变愈多,我们就必须对抗愈多的转折与痛苦。我们所忍受的所有大大小小的结局,都会留下必须疗愈的伤痛,但又有谁知道这个疗愈时间有多长?

我和丈夫住在东非时,看见有些朋友在亲友过世之后,会离家一段时间。这种情形总是让我们觉得耐人寻味。我们知道不用问他们何时回来。他们只是离开一段时间,等到伤痛疗愈完毕,哀悼的过程终止,就会回来。莎士比亚也明白此事的道理,他说:"没有时间悼念的人,也会没有时间修补。"然而,我们的文化告诉我们,必须减少我们的失落感,例如:逝者已矣,来者可追;牛奶洒了,哭也没用;木已成舟,后悔也来不及。这些话听起来都是何等有效率又有建设性啊!

最近我应邀在一个肿瘤学的护士研讨会上演讲。我忽然想起,这些人应该是最了解转折的人了。她们照顾的都是癌症病人,我想象着她们的日子都是怎么过的——有些病人病情减缓,有些病人复发,有许多病人都在垂死的边缘。她们做的当然是神圣的工作,我给这些特殊的女性建议,与其应对一个又一个的危机,不如在有人过世时,让自己休息,给自己一个安静的空间,进入白日的天光或是夜晚的黑暗里。在那里,她们可以放下自己的职责与技能,她们应该静静站个一两分钟,调整呼吸,想想刚才发生的事件,她们在事件中扮演的角色,以及这个事件给她们的感受是什么。演讲结束之后,有几位护士来找我,说她们有个新的计划:她们要在值班时间一开始,就先到护士休息站碰头,围一个圆圈站着,手牵着手,将能量灌注到彼此体内,以迎接动乱的一天。

听见这个计划，我深受感动。

我和一个朋友分享这个故事，她坐正了说："没错。暂停一下——我们老是会忘记这个。如果我们连暂停一下都做不到，那又能应付得了什么呢？"

抽离是暂停的一个方式——一段抽离的独处时间，会给我们一个珍贵的空间，它让我们以不同的方式看待这个世界，认清伤痛，欢庆天赐的礼物，尊重自己独特的性灵，不用担心别人怎么看我们，或是还有什么工作没做。对我来说，抽离就是一段可以忍受悬心的时间，发现而非寻找，珍惜偶遇的一切，修复身体与灵魂，耐心等待，接受问题的存在。那是熟悉寂静的时间——是我们远方的朋友，一个敞开胸怀迎接一日浩瀚的时刻，一段活在另一端、另一个世界的时间，在那里，性灵飞扬，深思遐想与新奇神妙的景象都可以繁荣滋长。最重要的是，抽离的时候，我们才有时间审视自己体验到的一切，以及了解它们如何影响我们的心灵。

《韦氏词典》定义"抽离"（retreat）为："撤退的行为或过程……从一个位置上退让到一个让你能得到平静、隐私与安全的地方。"但我比较喜欢詹妮弗·劳登（Jennifer Louden）所说的"抽离"："一个自我滋养的行为，激烈跃进自我的深广殿堂。"

成为自我与灵魂的学者

抽身来到科德角海边和我共度周末的女性,她们之所以前来,是因为她们的直觉告诉她们,应该要醒来,推开忙碌的烟尘,并且承认如弗罗斯特(Robert Frost)所说,"她们已经够迷失,可以开始寻找自我了"。简单地说,她们已经有足够的心理准备,可以脱离被摆布的人生,来拥抱由自己筹划执行的生命。她们一向只响应他人的需求,却忽略了自己,如今她们不再满足于此。她们是女英雄,她们明白,为了让自己被埋藏的梦想与欲望重见天日,就必须从日常生活的纷乱与烦扰之中抽身离开,寻找独处的时间。

星期五,在我迎接这些女子时,我总会一再地赞美她们,只因为她们能够勇敢离开家庭前来。被她们留在后面的人,会给她们贴上自私的标签;还有人把孩子留给各式各样的保姆和弄不清楚状况的丈夫。她们离开了需要修理刹车的汽车、一叠待付的账单、空空的冰箱和满是杂草的花园。然而,她们毅然决然地来到这里,带着满心的期待,仿佛她们选了一门专为她们量身定做的研究所课程。她们来到这里是为了成为自我与灵魂的学者——研究她们的优点和缺点、错误与荣耀。话虽如此,要离开熟悉的例行事务与人际关系,无论时间长短,都需要勇气与坚定的决心,正如一位周末营的朋友写给我的信里所说:

生命里的许多变化使我渴望熟悉、舒适又安全的日子。我相信只要没有丝毫未知的因素,那样的地方、人与例行事务就可以给我安全感,让我神清智明。但我却不知道,执着于这种熟悉感,其实是在吸干我的灵性。慢慢地,我开始想着,也许我需要的不只是可预期的一切。要将新生命灌注到我那受到忽视的灵魂里,或许就是暂时抛开自己扮演的角色,创造空间,让我重新发现自己。在那段时间里,我读了《海边的一年》,决心去参加一次周末营。第一次,我觉得很害怕。我不敢离开我的日常事务,因为它们可以给我安全感。我以前很不愿意去面对自己经历过的各种转变,后来我明白,我就是怕自己会忍不住悲伤。但是我的心里有个小小的声音在哭喊着:"救救我"——我听见了。当你有些创举,要反抗旧体制时,总是难免有风险,但是为了茁壮成长,我们就必须花时间向内耕耘,到我们的内心深处去寻找那被埋藏的许多资源。要让全新的意义浮到表面,我们必须勇敢走在生命的边缘,走在那不可预测又未经修整的边缘,我们至少留片刻的时间给自己。

你已经做好足够的心理准备,要探索你的生命与灵魂里面那未完成的一切吗?有个好的开始,就是评估各种转变对你的灵魂产生了什么影响,看看你的人生是如何带你来到这个寻找自我的时点的。回答下述问题,你就能够开始了解那些潜藏的原因,是它们驱使你找出更多的时间给自己。

- 在过去这一两年里,你是否失去了某一个人?丧偶,朋友搬家,孩子离家?是否有个亲密的人离开了你?是否有只宠物过世或孩子刚结婚?
- 你的家庭场景是否有所改变?配偶刚退休或被裁员,因此他整天都在家里?是否有人生病,需要你来照顾?你是否搬家,家中重新整修,或是再婚?
- 你是否经历了个人的改变?生病、成功或失败、开始节食或新的运动、失眠或是出现了财务问题?

任何这类改变都会破坏你生存的平衡。每一个改变算一分。如果你得到四分以上,就足以证明这是抽离的时候了。

当你有了足够的心理准备,你就可以开始筹划第一次的抽离,这时候你必须愿意抽出一段相当长的时间,让自己可以去漫游,放空过去的自己,断绝你目前的所思所虑。这需要你用心规划,但是你得到的回报将使你受用一生。

一名女子抽离的故事

几个月前,有位名为丹妮丝的女子,她想要较长的抽离时间,而不只是海边的一个周末而已,因此她来到我那小小的客房里暂住。在此之前,她总是活在面具背后——始终不晓得如何迎合这个社会的文化对女人的要求,这是她自己严苛的标准与不安全感所致。她的周末营让她浅尝摘下面具活着的滋味,单纯地享受做自己。但是她回家之后,便明白自己只是触碰到冰山的顶端。或许,她打心底了解,抽离一段时间将带给她的好处,就像农地局部休耕,而使得土壤能够恢复生机一样。她感觉到自己的生命需要自然的重建——一个让她的身体与心灵能够以它们的方式自行改变的机会。

她细心选定她的时间,知道她的丈夫在她来此停留的六周之中,会有一半的时间都在出差,而且届时她也会修完她的社工硕士学位课程。她的如意算盘是,这段时间大家最不需要她的时间与关注,也会对她的离去感到比较自在一点。

她带着书籍、照相机、织锦画和运动器材而来。刚开始,她觉得自己像在度假,后来却很难承受自己的罪恶感,觉得自己太"放纵"。我的这位客人试着抛弃多余的焦虑与愤怒,在这一过程中,有许多个人的障碍需要克服,但她最明显的困境,是她在这段空虚而且活动较少的独处时间里挣扎着。

"让你自己自然地走出来。"她思量着应该如何让自己安静下来，于是我这么告诉她："找个没去过的森林或海滩探险，最好是没有熟悉的地标，也没有人可以问路。"不久，我发现她每日散步的距离已经到了海边，接着看见她在小木屋里独处，后来又跳上自行车或开着她的汽车到了不知名的地方。她学会了漫游的艺术，也发现了自己爱去的地点。她成为琼·艾瑞克森哲学的最佳典范："我们不是得到了智慧，而是在野地里走了一趟之后，自己发现了智慧。"

丹妮丝继续往前推进，她在本地的沙滩上散步，到危险的防波堤上探险，或是顶着东北风，自己设法掩蔽，唯一的光源是一根蜡烛，也没有明显的救援设施。她逐渐安于森林与海滩之际，可以看见她的盔甲开始出现缺口与缝隙，光线透了出来。她的肢体放松了，脸上的皱纹消失了，她的步伐似乎更为坚定沉稳，她的门口堆满了从海边收集而来的礼物：贝壳、石头、救生圈与浮木。

她还有重要的一步，也就是改变她日常的节奏，抛弃旧习惯。"我需要和过去说再见，一个做法就是进行科技绝食。"她说，"整个抽离期间，我避开所有和科技的接触，如电视、收音机、手机或电子邮件。我集中精神，留意我当时在做的事，以及我的感觉。"我相信这个巨大的改变并不容易——我发现她在聆听从我开启的窗户里流泻出去的音乐声，但是一两次之后便不复再见。她的做法使她和现实世界脱节，于是她得到了前所未有的平静。进餐变得比较像是举行仪式，而不太有功能性。过去的吃饭时间里,她总是急急忙忙的,很少和丈夫共进晚餐,而且往往都是一边看新闻,一边吃东西。现在她会安排一个人进餐,点几根蜡烛,吃的是新鲜的鱼,以及当地农夫种的有机蔬菜。

她一面放空自己的头脑与心灵,一面驱迫自己的身体,同时慢慢获得各种肯定。有一回她走到防波堤的尖端,遇见一位渔夫,他直直地瞧着她说:"哇,好一个勇敢的女人。"另一天,她撞见一艘停放在海滩上的平底小渔船,船头漆了"希望"二字,于是她坐到船里,当下感觉到自己真的充满了希望。

她在我家时,另一位过去参加过周末营的女子琳达来访。有一天,我们在海滩上共享一个三明治,分享我们做的笔记,笔记上写的是我们为什么需要采取"离开"这么激烈的行动,才能将我们的人生扭转过来。

"以前我以为是因为我在改变,而且周遭的生活也在改变——你知道的,例如孩子离家、丈夫退休、进入更年期甚至大病一场。"琳达坦承,"因此我的内心也会跟着自动改变。但是这个想法是错误的。"她一面说,一面为自己如此天真而咯咯笑着。"我第一次参加海边周末营之后回家,以为自己已经有了不同的感受,也有了足够的改变。但是我慢慢了解到,我需要更多这样的周末,才能够真正放下我所扮演的各种角色,清空过去。我们作为女人,永远都不可能宣告退休,是吗?"她一脸疑惑地说,"好像我们的角色已经被牢牢地固定了，很难改变——也就是说，除非我们了解必须下多少功夫才能放空一个人，再把另一个人拖进来！我绝不可能在生活中做到这点。我需要抽离才能做我自己。"

"抽离之后，我们的生命变得何等广阔啊！"我陶醉地说，"当我们舍去所有的规则和应办事项，真的就多了很多空间。更别提不修边幅或根本不穿衣服的乐趣了！"

"但是我的确是在参加了好几次的周末营之后，才能真正开始做我自己的事。"琳达继续说，"一次突袭无法真正揭示未来。我每次来，都比上次待得更久一点，我假设那是在放下一个又一个的角色，直到我终于觉得能够畅行无阻，为我自己所用！它的复杂性就和超脱常情差不多；我必须调整自己的心态，让我的性灵可以看得见方向。"

追求抽离，从小处做起

你平时就必须像举行仪式一般，刻画出独处与寂静的空间，这是很重要的练习，可以累积抽离的能量。你不需要用上一整个周末去体验抽离的好处。从小处做起——开始在你的日常生活中，找到一些短暂的、可以寂静独处的时刻。在我所写的《海边的一年》一书中，我写得仿佛我的离开是个不经思索的反射动作，但事实上，自从我的儿子们上了中学，这些念头就不断出现。在我有离家出走的气概之前，长久以来，我都会放纵自己,让自己有一些短暂的抽离时刻。我最初的躲藏地点是附近的天主教堂——在我们小区,那是唯一不锁门的地方。我经常造访它黑暗的礼拜堂,静静坐在后排的位置,处理我的困惑与痛苦。默顿(Thomas Merton)曾说过:"一日之中,必然有个时候,我们这筹划的人忘了我们的计划,行为举止宛如全无盘算。一日之中,必然有个时候,当我们必须说话的时候,我们却静默无语。"

慢慢地,我允许自己有更多离开的时候,譬如走出城去,进入大自然。"到一个要求你对生命的流动敞开胸怀的地方,"库什纳(Lawrence Kushner)说:"一个对自己诚实而忘却个人焦虑的地方。"对我来说,那个地方是哈德逊河边的一个州立公园。刚开始我会去蜿蜒曲折的小径上散步,沉醉于秋天丰富的色彩。下雪的时候,我带着越野滑雪的雪具,撤退到森林更深处,那是个似乎只有小动物才会去的地方。春天到来了,我会带着午餐,坐在刚出新芽的树下或鲜嫩的草地上野餐。这些安安静静暂离的时刻赐予我心灵的平静,而且我发现自己会想要待上更长的时间。很快,显然我已经和孤寂建立起联系——我独处之际体验到的静止与安宁,比去看心理医生或参加工作坊的价值更高,也比听些有关自我成长的演讲更重要。

"但是,"你说,"我没有时间啊!"胡说!时间随时都有。更精确地说,每天有86 400秒钟,每一秒都等着你去使用,等着你去好好地活。或许因为我们看不见时间,也碰不到它,就不明白这是给我们的礼物——如果我们不能善用每天的时间,到头来就会再次经历痛楚。我们都拥有足够的时间,只是没有好好使用。

我躲到科德角的最主要原因,是我觉得这个人生不属于我自己,归结起来,就是我无法掌控自己的时间——一分一秒,一时一刻,一整个下午都用来服务别人。仿佛我只是在用时间,而非活在时间之内。或许因为如此,为了让自己放慢脚步,活在当下,相信时间,让它成为我自己的时间,我开始注意沙漏,把它转来转去,看着沙流动。看着一粒一粒的沙溜过那小小的出口,我渐渐地开始留心自己的日子,以致后来,我开始连千分之一秒都不放过——尤其是当我知道沙子绝不会往上流时,我明白我每消磨一秒钟,就失去了一秒钟。

你有时间去上美容院,和朋友在电话上聊天,或是折衣服吧?那么你就会有时间让自己独处于安宁与静止之中。我并不是说,任何塞满你一天的其他活动都不值得你花时间。我每六个星期会去剪一次头发,也喜欢随时和亲人朋友闲聊。但是一定有些活动是可以偶尔跳过,或是缩短它的时间,或是根本不用再去做的。任何有改变意愿的人,都可以找出许多迷你的抽离时刻。

- 你可以去什么地方度过一个小时？试着找出至少 10 个可能的地方。这些地方不必太戏剧化。只要可以让你有机会独处一个小时而不被打扰。你可以去公园、书店、图书馆、浴室、车上、动物园、博物馆，可以散步、骑自行车、钓鱼、泛舟或躺在吊床上吗？你可以有一个属于自己的房间吗？

- 你可以离开家去哪里过夜或度过一个周末？这也许比较困难一点，不过请设法找出 5 个地方。切记，在这个时候，要把焦点放在"地方"，而不是你需要先处理好多少事情、花多少功夫才能到达那里。我们老是担心会有许多障碍，让自己动弹不得，以致不敢想象自己会有脱逃的可能。但我发现，只要我开始想象一个目的地，我就可以找出到达那里的方法。筹划会给你力量，你自己觉得有力量，就会有希望。

- 什么地方可以让你待久一点？幻想一下。

- 为了抽离，你会需要帮忙吗？你可以去哪里求助？同样，不要排除任何可能。你有亲戚住在附近吗？有没有邻居可以和你做个交换？你可以安排出孩子的游戏日和保姆的工作时间组合吗？如果工作是问题，你们的休假和病假政策是什么？这一年你还有什么别的计划？你多想进行这些计划？去年你经常生病吗？你可以要求上司允许你多放几天假吗？

你在设想抽离的同时，还要一再回来思考这几个问题。我大多数的周末营之友一回到家，都会很有创意地想方设法，让抽离成为她们的日常与每周生活的一部分。她们学会积少成多，也会仔细选择她们的时间，而且她们在需要的时候，也会顺势而为。

当你终于可以自在地定期离开，你就可以开始利用你抽离的时间，聚精会神地培养你的自我感。离开家，到上述你列出的各个地点。除了一个日记本和一支笔，不要带任何其他的东西。让你自己被吸引到一个地点，一个呼唤着你的地方，走近一条流动的小溪，柳树下，坐在一块似乎值得一坐的大石头或是一段倒下的枯木上。回应你平静的心，在那安静的地点，那特殊的一刻，留意你接收到的一切。

- 你听见、闻到或看见了什么？

打开你的日记本，记录来到脑中的一切——单个字、完整的思想、过去的回忆。如果有问题出现，也把它们写下来，但是要小心，先别找答案，而是活在这些问题之中，让这个时刻成为发现与接收的时刻。待在潮流里，在这中间地带，一切都是流动的。假如你发现自己在想着此时此地之外的生活，就放弃这个想法，将精神集中在你身边的某一物体上。"静静地听"，切记这句箴言。重复想着这句话，或是你自选的句子。

你会发现，15 分钟左右，你就会进入一个平静的状态。你一旦到达这个位置，就可以思考一些问题。

- 我渴望着什么？
- 我在寻找什么？
- 我必须从日常生活中消除什么？
- 我还需要更多的什么？

让你的思绪流过，不要去审察或批评。让你的大脑像你的双脚一样自由地四处漫游，也许你会意外地找到一些答案。

在抽离结束之前，要举行一个赞美感恩的仪式，庆祝自己找到平静，维持平静，并悄悄地请求不止息的恩典与温和的改变。在你的日记本上，赞美自己做了多少事才达到这个境界，以及发现了什么，对自己拥有的一切表示感恩，并祈求自己有力量认真看待自己的人生。你终于给了自己礼物。

延长抽离时间

我主持的每一个周末营，都有这样或那样的女子问我，我是不是主张我们都应该离开婚姻、家人和家庭一年的时间。琳达、丹妮丝和我都有能力遁入孤寂，而且维持很长一段时间。我们都有能力完全脱离我们日常生活的要求，而且，我们住在一个新的地方时，都会听信我们内心悄悄指引的方向与要求。我相信任何一个真正有心重新发现自己的女性，都会设法延长抽离的时间，但是不必到一年或甚至不用6个星期。对大多数追寻自我的女子来说，一个周末的时间已经不算短。

要离开很长一段时间的话，你得先选好时间，或是利用一个意外的转折点。显然，孩子生病、你正在募款期间、时值假期，或是你丈夫刚做了一笔大生意，都不是出走的好时候。向家人请假是得经过盘算的。

有个好的开始，就是找一栋小木屋或一个遗世独立的地点，和若干朋友同行。在周末里安排一个时间，然后用你们在一起的时间，分享与比较彼此的日记，看看大家发现了什么。将焦点放在自己身上，以及暂离的目标上，但是要互相支持，而且当然，还要享受相互为伴所带来的乐趣。

真的没有什么借口。我们看待人生的方式，让我们的生命枯燥乏味。这是你该改变心态的时候了。应该加上一点你所渴望的风味与热情，因为，正如作家蒂特莱芙瑟（Tove Ditlevsen）所说："我心中有个小女孩，她拒绝死亡。"

章末摘要

- 找出最近的转折点
- 找到你的地方
- 抽离

认识自己的归属感

我来自一个生长在方向盘上的家庭。我的父亲是一家大型石油公司的员工，这家公司让我们结结实实地搬了17次家，因此我在大半的童年和青少年期，都没有归属感。我觉得真正能够停驻的地方就是科德角——一座伸进大西洋的小小半岛，我们每年会去那里度假，每年都觉得像是去朝圣一样。在那趟长长的旅途中，我跟弟弟都会透过车窗往外看，等着看见熟悉的地标。

首先映入眼帘的是高速公路旁的沙地；接着偶尔会看见盐沼、蔓越橘沼泽或小港湾；最后，我们会跨越高大的法王桥（Sagamore Bridge），俯瞰小小的白色风帆在运河上飘荡。等我们真正开近我们租的小木屋，我们就会在沙滩上画一条直线，口是心非地保证我们绝对不会把身体弄湿。

斯蒂格纳（Wallace Stegner）在他知名的散文《乡情》（A Sense of Place）里说："一个地方的尘烟往事若是无法让人们在历史中忆及，那就还不是个地方"——最重要的是，那关系个人的历史。当你造访这样的一个地方时，你会体验到一种对它的了解，一种和地图或路标无关的了解。以科德角来说，就是它松树的气味、咸咸的空气，还有小炉子上的巧达浓汤，沙子握在手中的感觉，还有月桂树丛。任何这类的感觉都会载着我回到过去，使我周身包裹着满足。我会选择到科德角避难，并非偶然。

因此这问题变成：你的归属在哪里？是什么在召唤着你？你会一再地回到什么地方，无论是在现实生活还是记忆中？

是你在孩提时期去过的湖边或遥远的海岸，或是一望无际的沙漠，上面点缀着仙人掌和人们踩出来的红土步道？或许是高山呼唤着你去爬得更高一点，或是蓊郁森林幽谧的深处在引诱着你。无论是哪个地点或空间，你一到那里，保证你就会得到重要却无形的一切——一种安全与温暖的感觉，有想用身体与心灵去漫游探索的欲望。了解自己的归属感，真正到达那里，就是认真抽离的第一步。

我离开的一切

周末营之友决定来科德角走一遭时,便割舍掉了许多东西。在整个周末里,她们逐渐了解抽离的价值,明白出走并不只是肢体的行动,同时也是一种心态。有时候,即使你只是放下一些最细枝末节的事物,也可以得到一种抽离的感觉和个人的力量。以下都是她们谈到的舍弃的各种人、事、物。

- 丈夫
- 办公室的假日宴会,以及每一年都必须寄圣诞卡
- 电视
- 父母亲
- 煮晚餐——我给我儿子外送比萨的电话号码
- 网络恋人
- 我花园里的杂草和一整屋子新买的凤仙花
- 工作
- 星期日下午的橄榄球活动
- 令人觉得负担沉重或有毒的对话
- 有人需要我把他们从沙发上拖起来
- 争辩
- 电话铃声
- 担任家委会会长

- 洗衣服
- 牙医约诊
- 非周末的性爱
- 主持小区一年一度的阵亡将士纪念鸡尾酒会
- 高跟鞋和丝袜
- 肮脏的碗盘
- 涂指甲油
- 心理治疗
- 酒

星期五晚上：
找回天然的自我

将你自己一块一块收拾好

当你无法前进时,你就该后退,掏出你的过去,找些熠熠耀目的东西。

——舒伯特(David Schubert)

坚韧的根

准备一趟旅程必须费心做好计划。无论我打算去什么地方,或是要去多久,我都需要把自己的动力和焦点全部集中起来,用心打包,安排我留在身后的种种,而且要真的走出家门。当旅途开启,我才明白自己花了太多精力准备出发,到头来却不知道如何再走下去。9年前我来到科德角时,确实就是如此:我没有计划,没有前人可以追随,也没什么力气。有好长一段时间,我依靠的是以前度假的经验,却不明白自己有了什么样的改变,也想不通接下来要做什么。这些度假经验让我有事可做,却无法回答这些挥之不去的问题:如今这个逃走的我是谁?我应该如何重建生活?我该努力的地方有哪些?

有一天，我一面漫不经心地收拾屋子，一面试着想出下午要做什么，突然眼光落在客厅边缘的一个书架上。那个书架塞满了相簿和各种纪念品。所有的封面都老旧了，而且大多数的书都是被快速塞回架上的。我的两个儿子都喜欢在夏日的雨天里，翻遍架上的那些书，但是我有好些年没去整理它们了。

依靠直觉，我抽出一本看起来格外眼熟的相簿，那是我和我弟弟为我们的双亲结婚 25 周年的纪念日制作的。相簿里的照片都经过了我们的仔细安排，我们认为那都是他们生命中的重要事件，如他们的恋爱过程与婚礼，我们的出生，圣诞节和生日庆祝会，我们在学校里游戏；里面有许多暑假的照片；还记录了我们在南加州滑水时裸体玩闹，或是在参加教会游行时，有如天使般纯洁，或是我们骄傲地站在我们努力堆好的倾斜的巨大雪人身旁。在有些暑假的照片里，我快活地奔跑着穿过凉爽的洒水器，摇摇晃晃地坐在立体游戏区里，在家门口的走道上学习踢石头游戏。在所有的照片里，我都毫不害羞地笑着，满眼的惊奇，而且显然爱煞了自己做的那些蠢事。

但是相簿翻到一半，我似乎有所改变了。那个曾经神气快活的小女孩变胖了，也变得不好动了。她的双眼不再闪烁着叛逆，身体显得笨拙僵硬，而且一脸漠然。我开始把我那些近距离的独照抽出来。我按照大致的年份，把它们铺在客厅地板上,希望可以就此了解自己。我研究我的肢体语言,同时也留意到另一件事——背景的改变何等频繁。在相簿最后,母亲加了两张散装的活页,里面满是我们在过去几年住过的房子照片,而且我记起每次我们被迫搬家时,我的感觉有多么痛苦。第一次搬家,我才六七岁,想到必须跟熟知的一切说再见,就觉得很恐怖,想到要搬到宾州的一座遥远的山上,简直让我哭得不成人形。

接下来的多次搬家,让我慢慢学会了应变的技巧,也学会了藏起自己的感觉。那些照片透露了我的适应能力,我会冷眼旁观,衡量我的新同学和邻居朋友的基调、态度或风格。我发现,随着背景环境的改变,我的衣服和发型也会跟着调整。我还记得,每到一个新的地方,前几个星期我都用来整理自己,让自己融入,才能觉得自己和别人好像是一样的,然后交一群朋友,认同那个新的城镇。但是不断地被换到一个新地方,让我逐渐感到丧气。我需要和别人打成一片,因此个人的声音被隐藏了起来。我变成了一个回音板,呼应着周遭环境最响亮的音调。我只想取悦别人,我会避开所有冲突,也不理会任何有关出身的暗示。作家温德尔·贝瑞(Wendell Berry)曾说:"假如你不明白自己置身何处,就不会了解自己是谁。"我是这句话背后的真理活生生的明证。有些东西永远不变,我在绝望之中扭曲地想着。如今我在这儿,50岁的年纪,我自愿再次将自己连根拔起,却依旧感到茫然失措。

我继续欣赏那些照片，如今它们已经全被摊开来，摆放在厨房的餐桌上。以这种方式研究我早期的生活是会令人上瘾的，就像考古学家终于发现了一个失落许久的帝国，我执意找到最后一个碎片，好拼凑起我的故事。我伸手拿起尘封已久的老相簿，它的封面原本已经掉落，早用胶带修好了。在那些旧相片的下方，母亲尽责地写上每一个人的名字，外加上此人的生日或是他们来到这个国家的日期。我的亲戚有许多都是移民——伯公、阿姨、婶婶，还有一位祖父，他们都拍了照片，时间是当他们从瑞士、德国与苏格兰来到埃利斯岛（Ellis Island）时，他们坐在凳子上，各自带着一只皮箱，或许现金也很少，英文也说得不怎么流畅。但是每一个人都充满希望，他们的肢体语言显示着决心、独立与固执。我并未跟随那些有冲劲的远亲，而且反倒是松手了。在这么勇敢的家庭中成长的人，怎么可能停下脚步，或是失去方向？

童年的回忆提醒了我，我之所以成为今日的我，以及童年时期的感受，都是在反映我的生活环境。我就和许多人一样——男人、女人皆然，那些环境把我个人的特质完全埋没了。这种情形尤其容易发生在我身上，因为每搬一次家，我们家的人都会变得更寂寞。照片里有我弟弟和父母亲，还有一些我和朋友的合照，但只有一两张是同一张脸孔。我们大家庭的成员只出现过一两次，都是假日或是偶尔来访，而且我翻过的那些相片里，很少有持续出现的友善面孔。显而易见，我们大家庭成员之间的联系愈来愈淡了，这是很悲惨的一件事。但是我接下来的发现，才是在检视我们的根的前景与韧性时最重要的一课。

黑羊领导羊群

我发现一个被塞得满满的信封，里头是一堆我亲爱的阿姨艾尔希的照片。我坐在那里看着，禁不住满脸带笑。她是个豪爽又带着野性的人。我们都喜欢坐在艾尔希阿姨身旁，听她说好听的故事。然而，当我舅舅说我很像她时，我却笑不出来。"她很勇敢，爱当老大，又很豪爽，就跟你一样。"他曾经这么说。我还记得当时我涨红了脸，希望自己像的是比较仁慈温柔的阿姨。艾尔希阿姨很有趣，但她也是家里的黑羊，而且一点都不像个好女人——她有个非婚生的孩子，而且把他丢给别人收养；她是一位律师的秘书，还让对方"包养"她。

在我舅舅做出这项评论之时，我还卡在做个好女孩的桎梏里，我希望自己规规矩矩，被众人喜爱，但是现在我了解到那是何等好的赞美。在我人生的此刻，我宁可被比喻为一个生命多彩多姿、充满活力而反传统的亲戚，也不想被比喻成柔弱温和的人。毕竟，艾尔希阿姨戏剧化的人生到头来并未打败她——她成为一个不折不扣的自由解放的女性，比贝蒂·弗里德（Betty Fried）还早了半个世纪。更有意思的是，她恣意飞扬地过她的一生：自我教育，和她的情人环游世界。我最喜欢的一张照片，是她在毛里求斯人号（Mauritians）首航欧洲时拍的：她在甲板上挥起手，手持香槟酒杯，彩色的纸带飘在空中；她一身都是皮草与珠宝。照片中的艾尔希阿姨一如往常地微笑着，眼里闪着光芒。

我凝视了那张照片好半晌，接着突然留意到艾尔希阿姨和我一样，都有着宽宽的前额。事实上，我们相似的地方并不只是前额，还有下巴，同样的骨架，相同的笑容。我站起身来，揽镜自照。是的，的确，如果所有的意图与目的都相同，站在那船上的人很可能是我。而且如果我的骨架和笑容都与她的一样，假如我的神气曾经让我舅舅想起她，那么也许我并不如自己想象的那么迷惘或孤独。

那张旧照片让我了解到，无论我多频繁地搬家、换了几次发型或买了多少新衣服，我都还是拥有强韧的根。我对艾尔希阿姨的记忆变调之后，我又一股脑儿地想起了其他的女性亲戚：安静固执的祖母丽儿总是背着皮包，随时准备去探险；光鲜亮丽的维莉阿姨用拆下来的亚麻布床单做她自己的流行洋装；勇敢的蜜妮姑妈在她的丈夫过世之后，留在明尼苏达州的农场，独力养大她的4个孩子；无可救药的乔奶奶虽然遭到医生警告，还是拒绝戒烟。我的家族里的女性都是大胆、有趣、积极、不受教、勇敢、光鲜、独立、任性的，这该是我为自己的基因做主的时候了。因此我举起咖啡杯，向艾尔希阿姨和其他那些女性亲戚致意，她们并不只是活着而已，她们不理会旁人的闲语或想法，拥有灿烂的一生，于是我有了一个计划。

让旧的自我脱胎换骨

我珍惜我从女性亲戚身上继承而来的各式各样的经验，不仅是表示尊重，也是为了救我自己。克拉丽萨·平寇拉·埃思戴丝曾经给我们忠告："旧有价值能支撑我们的灵魂与精神，即使我们必须将它们挖掘出来，重新学习。老方法有着绝不腐败的营养，而且愈用营养愈多。无论如何，女人如果不去使用珍贵的传统与高尚的价值，她和她那至高无上的母系血缘之间的关系将被切断。"

第一步，我写下那些女性亲戚身上我崇拜的特色，把它们贴在厨房洗碗台上方，好提醒我自己，要放松心情，也要伸展开来。如果我选择无忧，就会整天待在床上，床上堆满杂志，或是取消所有先前的计划，独自出门去散步或泛舟；如果我选择狂野，就会全裸冲进浪潮之中，而不管天气如何。我在海边的那一年逐日过去，我需要独立,财务才不会出问题。我很快产生了找工作的念头，而且要有勇气，不只是做稳当的事，因此我去鱼市工作，直到手指开裂，肌肉酸痛。我那时才明了,试着抓蛤蛎是积极的行为。我还勇敢地租了一艘船,自己一个人在北方海滩露营。

慢慢地,对于脑袋里出现的任何意愿或念头,我都开始采取"有何不可"的态度,而且我感觉到祖先在坟墓里为我加油。假如有人邀请我,我不会坐在那儿琢磨着去或不去,而是会实时做出确切的反应。我愈来愈常说"好",心知我生来就是要这么做的。情况有所改变,而且是往好的方向。我一直希望自己能够热情洋溢,而今终于开始有了一点——全都因为我知道自己拥有深藏在内的力量任我挥霍。

亲戚的能力

我刚开始筹划海边周末营时,认为活动内容非得包含一个类似的练习不可,而且愈早在周末出现愈好。所以现在我们要求所有参与的女士带着照片来,还要准备一些故事,聊聊她们崇拜的一位女性长辈,在第一个晚上,我们就要谈到"亲戚的能力"。

许多妇女空手而来,她们听说有这个作业可吓坏了,她们试着想出一个能够启发她们的长辈,脑中却是一片空白。但也有人立刻举手,迫不及待想要赞美她们的许多母亲辈和祖母辈的女性。经常出现的状况是在面对经济困境、丈夫不在或重病时,这些受她们敬爱的女性都是伟大的照护者。

我费力地听着，想要找出一个可以写在黑板上的形容词。我要这些女子看见自己可以从基因中挖掘出什么，但也希望她们可以脱离自我牺牲症候群。夜晚的时光一分一秒消逝，终于出现一则故事，让我们的讨论步上我乐见的轨道。在最近的一个周末里，来自佐治亚的玛丽·白说，她的祖母充满了自我牺牲的精神，她原本以为自己会和祖母一样伟大。但是当她端详着膝上相框里的那张照片时，她明白了，虽然在长辈之中，她的祖母似乎是唯一关心她的人，然而祖母到头来却变得尖酸刻薄，心中充满怨怼，祖母的生活并不充实。

玛丽·白红了眼眶，回想起她的祖母在厨房里砰砰作响地准备晚餐，从来不让别人插手，也不邀请别人到家里做客，甚至从来不听音乐。餐点准备好之后，祖母以军事化的精准送上餐桌，然后在寂静中用餐，没有一点喜悦。临终之际，祖母向玛丽·白坦承，自己的做法全错了。"为自己多保留一点，小宝贝，"她的祖母说，"至少你要为我做到这点。"玛丽·白总结时说，她想得愈多，就愈觉得自己生命中的英雄或许是她的母亲。当年她的母亲出走，离开她的父亲，全家人都怨恨她的母亲，虽然大家都知道，母亲其实是让自己脱离家暴的环境。她的母亲等到孩子们都搬离那个家之后，便独自逃到佛罗里达州。玛丽·白身边刚好有一张母亲的照片。当她从背包里拿出那张照片后，全场目瞪口呆。

"那是你妈妈？"有名女士惊呼。

"不可能的。"另一位女士说,"她年纪多大?"

看着那张照片,人人张口结舌,照片里头那名女士穿着明亮的粉红色洋装,漫步走下一条木板道,她的肢体语言是自由而满足的,她的微笑很自然。没有人相信她已经七十几岁。

"我想要在这里重新抓住的,应该是她的活力。"玛丽·白沉吟道。"我妈妈很大胆,很叛逆,有点疯狂,当然也是个不守规矩的人,她很能善待自己。只要我拥有她的任何一项特点,就足以扭转我的人生。"我迅速将那些词写到黑板上。

"我有一位玛吉阿姨,"另一位女士说,"她总是咯咯地笑,什么也不怕。她老是穿吉卜赛裙,或是普图马约[1]买来的波希米亚风格的服装。她离过两次婚,现在快乐地独自住在一个小小的公寓里,墙壁上挂满了从印度带回来的吊饰,水果板条箱做成的餐桌上铺着丝质桌巾。她是我认识的最先开始吃素的人,我去看她时,总是可以盼到一顿热腾腾的咖喱晚餐。"

黑板上又多了几个很棒的形容词。

"我的祖母葛瑞也很绝。"辛迪说:"她在20世纪60年代就是个激进分子,64岁的时候,她搭上灰狗巴士离家,到了柏克莱。她住在一间附带家具的套房公寓里,当女服务生谋生。她的收入仅够糊口,却带着海报去抗议越战。每一个人都被吓傻了,我祖父最严重。她一年之后又回来和他重聚,但是已经不像过去那样。祖父是个控制狂,但是现在祖母的

---

1 Putumayo,哥伦比亚的一个省。——译者注

时间安排是看她喜欢。她负责当地的民主党活动,租了一部游览车,把她所有的新朋友带到华府去游行。"于是我们在黑板上加上了独立、自由、决心与野性。

有位女士谈到她的梅米姑姑,她是个艺术家,只画裸体画,而且都是找人体模特儿。为了作画,她把饭厅变成了临时的画室。亚德莉亚的阿姨在陆军升任上校之后,就开始环游世界。"我们就只是叫她'上校'——早期得到这个官阶的女性并不多。她参加过好几次战役,遇到困难的时候,从来不靠男人帮助。"夏洛说她离了婚的祖母不止一个,而是两个(这在60年前是前所未闻的事),其中一个祖母在教堂里弹风琴,和唱诗班里的某人私奔了。

无论我们等了多长的时间才开始,我们在这个晚上的讨论主题总会让我们有所改变。这个讨论的过程就是一个破除循环的起头,因为这些女性都开始寻找自己的选择。就连那些还不能效法自家长辈的女子,也觉得有了力量,因为黑板上的任何一项长处都很可取。这些女性的姑姑、阿姨或祖母的故事一旦公开,团体中的任何一个人都可以效仿,有太多亲戚的能力在众人之间流传。

大多数女性就寝之前,已相信自己不仅开始了一项不可思议的旅程,而且相信这趟旅程真的很有帮助。限制减少了,地平线露了出来。在清晨来临之前,她们的任务就是去研究黑板上的各种性格特点,选择其中一项或多项面对自己的未来。我称其为意图（intentions）——一个可以激励新行为的词。当她们在星期日离去时，每位女士都会带着一颗石头回家，石头上有我写下的这些意图。光是说出她们的新目标，就已经让她们意图做出的改变更为确切。

有女性亲戚的故事能够对你产生诱导或激励的作用吗？你记得哪些？即使你是独自在阅读这本书，你还是可以设法找一群朋友来，跟她们分享这些故事。一起讨论的过程往往可以把你的头脑推向意料之外的道路，带着你去发现与回忆。无论你如何进行，我都相信，你将会发现，为了前瞻而回顾的过程，会让你明了自己确实拥有坚韧的根。

现在，去找些自己儿时的照片，愈多愈好，可能的话，最好是从婴儿期到青少年期都有。然后研究一下自己的成长过程。留意自己的外表、神情和所有重大的改变。最好是把所有的相片按照时间顺序铺在一个平面上。设法回答如下问题，花多少时间都没关系。或许你可以先看亲戚的照片，稍后再研究自己的童年。重点是借这些相片释放出你的记忆——让视觉的记录驱动你的思绪，任它四处漫游。

一面研究相片，一面回答如下问题：

- 你在自己儿时的面孔上看见什么？你看见的是快乐无忧的人还是悲伤的面孔？你在照片里是乐于表现还是羞于见人的？

- 你的表情或行为有任何明显的改变吗?你的头发有何变化?你对衣着的选择有何不同?你和谁合照?
- 是什么样的生活经验伴随着每一个显著的变化?你搬过家吗?你在度假吗?家中发生了什么大事?或者你只是长成了青少年或成人?
- 结论是,反省自己何时脱离"个人轨道",以及如何脱离,以便走向社会鼓励的道路。你何时开始扮演人们期望你扮演好的角色?

现在,更进一步,看看你的父母、祖父母、曾祖父母、阿姨姑姑与堂表兄弟姐妹的照片。同前,让这些照片刺激你的记忆。

- 你记得这些亲戚的哪些故事,以及他们如何过自己的人生?
- 这些亲戚对你的生命分别有何影响?
- 你和某一个亲戚长得很像吗?你继承了她的某些怪癖吗?
- 就你的记忆所及,她有哪些杰出的特性?你曾考虑师法她的精神吗?

最后,将这些杰出的特性一一写出来,贴在一个醒目的位置。每周选一个吸引人的特质,开始效法你的亲戚。

　　这个练习是为了鼓励你尽可能回头看,一方面,了解你自己的痛楚,另一方面,从你的基因之中,寻回一些在你看来是优点的特色。一旦你找到亲戚能力中的力量,你就可以时常运用到它。毕竟,要做你自己的方法很多,不应该有所限制。

生命循环逻辑

　　欣赏亲戚能力的过程支撑了我好一段时间,而且我觉得自己从旧有的看待自己的桎梏中挣脱出来了。但是一直到我和琼·艾瑞克森一同研究我的生命循环中的各个阶段之后,我才真正了解到,我自己有多么丰富的资源可以付出。打从我遇见老琼的那一刻起,她就不断敦促我走上新的道路,我也早就把她纳入我的亲戚能力库中。然后,有一天,她建议我更进一步。"你知道吗,孩子?"她开始说,"你把你从各个亲戚身上继承到的特性挖掘出来,因此跨出了一大步,但是接下来你应该要看看你为自己培养出来的优点。我们都需要看见并且感觉到我们自己独立的能力,才能够找到生命的意义,而且了解到,一切都在这里面。"她说着指指自己的心。

　　"当我们明白了这点,就不再需要向外寻求肯定。我们只要开始支持自己就够了!"

当时我就想着自己何等幸运，遇见的是艾瑞克森夫妇，而不是弗洛伊德或荣格。我很怀疑弗洛伊德会愿意坐在沙发椅上，花10年的时间分析我这个人，声讨我所有的缺点，而荣格也不可能帮我翻遍所有的石块，寻找我内在的阴影。但是琼·艾瑞克森却帮助我了解到，我在重新创造自己、让自己充满活力的过程之中，必须重新检讨我在人生的旅途上，每当遇见绊脚石与挑战或障碍时，我都是如何处理，如何做出正确的抉择，让自己留在原来的轨道上，继续努力不懈，避开陷阱，或者在落入一个坑洞之后轻松地爬出来的。只要我仔细检视这些过程，就可以得到全新的精神与力量。她说，力量来自逆境，压力经过处理就会让我们产生新的能量。老琼运用她丈夫闻名的精神分析理论作为引导，鼓励我反省我这一生，将焦点集中在我的什么作为让自己获得成功上，而不是按照我之前的习惯，总是只记得自己是如何一败涂地的。

要想活得精彩，而不只是生存于世间，就必须了解自己的生命循环。读一读艾瑞克森的8个阶段，以及伴随每一个阶段的力量。回想自己的童年或成年阶段里的某些时刻，想想自己是如何解决了某些冲突，并赢得一项或是多项下述力量的。承认弱点，并找出自己的力量，这也是重新寻找自我的方法。

· 婴儿时期：信任相对于不信任；得到的力量是希望。

- 幼儿早期：自主相对于羞耻；得到的力量是意志。
- 游戏时期：鼓励相对于愧疚；得到的力量是目的。
- 小学时期：勤勉相对于自卑；得到的力量是能力。
- 青少年期：认同相对于迷惑；得到的力量是忠实。
- 成年初期：私密相对于孤立；得到的力量是爱。
- 壮年时期：新生相对于停滞；得到的力量是关怀。
- 老年时期：正直相对于失望；得到的力量是智慧。

就你的记忆所及，列出生命中每一个阶段的收获与失落。将重点集中在自己的成就上——你如何越过障碍或走出冲突，然后试着找出你带到每一个境遇里头的内在力量，列出这些力量。你将会一再地用到它们。

生命的颜色

老琼在开导我的过程中，向来都是让我眼见为实，而不是光说，因此我们在讨论我们的过去时，都是根据一些小小的若隐若现的景象，来编织我们个人的生命循环织锦画。老琼自行开发的理论是，每一个阶段都可以用一种单一的颜色来代表。她选择用浅蓝色代表希望，用橙色代表意志，用绿色代表目的，用黄色代表能力，用深蓝色代表忠实，用红色代表爱，用浅绿色代表关怀，而用紫色代表智慧。我们将每一个阶段编织为一个长条,而后当我们谈到一些可以为我们的生命"上色"的经历时,就再补缀上一些其他颜色的丝线。"我总是觉得自我是一幅色彩丰富的织锦画,"老琼说,"每一缕丝线对整幅画都有重要的影响。表层的历史与环境造就了我们,但是这些表层都必须剥落,才能够看见你被埋藏的部分。孩子,在干涸的土地上成长的根,才是我们要寻找的标的。"

我和老琼共同编织的同时,明白我们每一个人的经验组合各不相同,因此都是独特的个体。老琼的织锦画和我的迥然不同——她的颜色比较豪放,也比较丰富,我的看起来似乎比较安全,也比较可预测。她的织锦画画面已经都塞满了,而我的则还有三分之一的空间可以填充我想要的颜色。那五彩缤纷未完成的织锦画,让我更加确信自己拥有做出改变的一切素材,也让我喜爱的一位作家的文字跃然纸上。弗罗里达·斯科特-马克斯韦尔(Florida Scott-Maxwell)写道:"你只要声明生命中的大小事件都是你的经历,就可以拥有你自己。"因此我开始对自己和我认识的女子的未来抱持积极的态度。多彩多姿的人生是我们都可以掌握的。

后来,我将我用到的色线搓成一股,塞在我的皮包里,我可以经常触摸到它。这一缕丝线已经像是我的生命线——触目可及,让我想起曾经奋斗的历程。

现在你对自己奋斗的过程和自己的优点都有了比较清晰的概念,那么何不将你生命的颜色编织在一起?要注意琼·艾瑞克森用来代表那8个阶段的颜色。

- 将代表每一个阶段的一股股毛线或绣线摊开。
- 想想自己最强的优点,选出很多条那个颜色的线。
- 继续回想每一个阶段的优点,选择适当的颜色来代表你生命中的那个优点。
- 当你找出8个颜色,就再加上一点亮粉红色或嫩绿色,以代表娱乐、活力与狂野的时光。另外,加上一点棕色和黑色,代表比较严肃的时刻。

最容易的做法,是和一位同伴一起进行真正的编织工作,周末营的妇女就是这么做的。你的同伴抓住线团的一端,你就可以开始将生命的颜色编织起来,一面诉说自己的故事,一面说明为何你较常使用某些颜色。当你试着将焦点集中在自己的强项而非伤痕上时,你等于是在和自己一生深植的习惯作对。有时候你必须用心体会,外加理解与肯定,才能明白那所有的艰苦与失落,都是为了让你有充足的准备,好重拾自己的人生。

罗莲是来自亚利桑那州的周末营之友,她写给我的信如下:

> 对我来说,编织很难。我和别人一同编织时,比较容易

旁观对方，发表意见，却很难冷眼看自己。我刚开始走到桌边拿丝线时，连哪一个颜色要拿多少，都觉得很犹豫。还记得当时的我四处张望着，看另一位女士怎么做就跟着做。直觉告诉我，这是不对的，但我需要我的伙伴一步一步带着我做。我们开始编织之后，故事便流泻而出。我可以诉说8个阶段中的每一个故事，但它们都不堪入耳。我必须谈到幼年就被强暴，成为辍学生，父母离异，儿子吸毒。我想哭，不想编织！这时候贝弗利伸出手来，握住我的手。"你培养出了好坚强的意志力啊！"她说。我从来没想过自己有这个长处。对我来说，那只是从恐惧与脆弱而来的求生本能。但是当她观察到我的意志力时，我觉得很自豪。同时我明白，我的人生就是由一种惊人的、想要生存的、想要获得成就的意志力塑造出来的。于是我站起身来，抓了一大把橙色的丝线。我不时拿出我的线捆，都是一眼就看到橙色。它会让我觉得自己很坚强。而且我知道，当我看着它，我就可以发掘出更多的优点，而不会沉浸在丑恶的记忆里。我真的很想再编织出更多绳子，而且我知道，不久，我就会有满墙的颜色。

当一个颜色融合了另一个颜色，在隐喻上，就表示你将会重新建构你的生命。回头检视你的编织，检视几次都无所谓，但是千万不要松开顶端的结，而是要随着记忆的浮现，加入其他的颜色，用鲜活的颜色去象征一个未完成的、进化中的生命。

　　我们已经拥有前进所需的一切。人人都继承了开阔的视野、勇气、同情心与正直，这些都是修复我们的生命与性灵的要素。或许因为多年的尘封与误解，还要迎合社会的期待，这些坚韧的根遭到忽视而被埋藏，但是并未枯萎。我们必须弯下身来，重拾我们与生俱来的力量，将它们挖掘出来，重新面对光明。我们的文化告诉我们，要更新自己，我们可以改变自己的体型、面孔或居住地，但这些都是外在表象的进步，无法让我们真正接触到任何坚实持久的事物。真正的改变是与时俱进的，而且它需要我们努力召唤我们的历史，没有历史，就永远无法复原。

　　我们全都是独一无二的。假如我们不去发现自己，与他人分享我们的特性，这个世界将会损失何等宝贵的礼物啊！

章末摘要

- 庆贺你的根
- 找出亲戚的能力
- 研究生命的循环
- 选择生命的颜色
- 从旧的自己那里提炼新意

宣示意图

"意图"一词来自拉丁文的字根 intendere，意指"向某事物延伸"。任何需要改变方向、个性与态度的女性，都必须形成一个意图，或是一系列的意图，那样她才能够延展出新的存在方式。当我写下我崇拜的所有女性亲戚的特质之后，我就形成了我的第一组意图。那张表给了我追求的目标和一种方向感。稍后，当我说服一位渔夫带我出海去看海豹时，我又找出了另一组意图。

刚开始我并不明白为什么那些海豹会那么特殊。它们肥胖臃肿，又棕又灰，还会胡乱叫嚷。但是当我看着它们做出那些滑稽的动作时，我却觉得十分着迷。过了好一会，我突然想起，我的行为方式也要和它们一样。它们喜爱玩闹，享受当下，很脆弱，充满野性与神秘感，很有好奇心，调皮好玩，而且能够坦然地接受自己的身体。

我翻遍背包，找到一张旧的收据，迅速地将所有我认为有趣的特性与态度写下来。回到岸上，我将这张表贴在浴室的镜子上，使它成为每天早晨最先映入我眼帘的提示。这张表就和我在翻阅旧相簿时列出的表一样，都会让我将心思集中在我想成为的人，以及我想过的人生上。

写下一个或是一连串让你感到喜悦的字，好提醒你自己，你可以成为一个什么样的人，这是你朝修复与改变前进时重要的一步。这些字形成一系列的意图，而只要找出一个意图，都可以帮助你立定志向，找到一条你想追求的路。它会给你方向与目标。

　　最重要的是，要记得那些意图都是单纯的可能。它们都是权利，也是意愿，可以让任何限制或以前的行为方式黯然失色。即便如此，意图仍然是温和而不带强迫性的。它们是决心，却没有毅然决然的尖锐，只是让你梦想着可能的未来。意图可以带来不同的感觉，令人感到振奋。

　　意图可以作为一种新的拥抱生命的方式——一种正面的态度，一系列豪放的特性，而这些在过去都是被禁止或不可得的。意图可以是一个字或是一连串的字。由于你注意到了一些吸引你的性格或特质，因此出现了这些意图，正如我观察过海豹之后的结果。它们可以是动词、名词或形容词；可以是态度、行动或感觉。意图甚至可以是一种颜色。

　　有哪些字浮现在脑海呢？是弹性、决心、野性、自由、傻气，还是豪放、幽默、率直、愉快、好玩、淘气或脆弱？你用一张纸写满描述性的文字之后，圈出最吸引你的几个字词——或是你最渴望投射或予以体现的几个字词。最可能的情况是，你曾经是个叛逆的青少年，或是一个粗心的孩子，只是后来这些行为完全被抹杀了。你愈早找出一些意图，就可以愈早开始走回头，不仅找回你过去曾经拥有的本色，也可以找回你与生俱来的、足以让你做出转移与改变的力量。

疯狂拼布

另一个有阐释作用的练习,就是和另一位女性一同制作一块疯狂拼布。见面时,各自带来一些碎布,旧衣服的碎片、一点丝线、蕾丝、纪念品、口号等任何东西,只要可以让你们想起生命中动乱与美好的岁月就可以。你们围坐在一张大桌旁,各自将这些碎片拼凑起来,创造属于你们自己的方块或片段。大家一面拼凑,就可以一面分享每一个碎片背后的故事。每一个人都完成了自己的部分后,将它们全部连接起来,变成一块大拼布。现在这块拼布就可以用来作为聚会时的中心主题,也可以挂在墙上,或是在团体中传递。

埃思戴丝相信:"以坦白诚恳的方式运作,你就可以将一切简化,也比较能够感应与感受,而非单靠理智处理。这就像我的一位已故的同仁说的,有时候你可以这么想,用一个10岁大的聪明孩子可以理解的方式去做就是了。"她继续说明,中美洲古文明的纺纱与织造,都是用来邀约神灵或是获得神谕的方式。"制造丝线与布匹曾经是一种宗教活动,用来教育人们,使他们了解生死循环与生死之外的事。"

疯狂拼布的练习可以帮助我们回头看,为我们曾经忍受或努力过的一切做主。那是一个解放的练习,用来强化与支持我们这些"文化载体"(carriers of culture)。

星期六:
修复身体与灵魂

打开寂静,关掉声音

在某个时点之后,就必须放下一切外来的协助,专注于我们自己的优点与智谋。我们寻找什么,它们就会来找我们。

——佚名

抓住属于你的日子

"这是玉螺日。"我对着一群周末营之友说,星期六一早,我们聚集在这小旅馆里的客厅里。我举起掌中那圆圆的贝壳说:"这一天,我们要向内旋转,就和这只玉螺一样——自持与沉静。写下你自己的药方,找到自己的中心。这是安静与独处的一天,你原本是独自一人,但是稍后大家将会水乳交融,不分彼此。"

在周末营中,我对星期六总是感到格外兴奋。我一向企盼拥有那样的宁静、独处时光与精神集中状态,如今我将它们提供给这些妇女。我们将前往僻远而充满屏障的海滩漫游。这趟历险将使我们的肢体得到锻炼,而这一切都是我的渴望。环顾室内,我看见每一位女士都已经做好最佳准备,好迎接今日那满是沙子的8公里长征。她们衣着轻便,穿着结实的鞋子,戴上帽子或眼镜,还穿了一层层的衣服。但我心知,她们尽管穿着恰当,却都还没有足够的心理准备去面对今日的体验,她们将在南滩的最尖端——一片46米宽的沙滩绵延8公里长之后伸进了大西洋——下船。

我们的晨间讨论结束之后,将步行1.5公里到达海港,然后分搭两艘小船,出海去欣赏莫诺莫伊岛(Monomoy Island)的海豹,最后下船,分头行动。这一天的重头戏是,每一个人都将单独置身于一个陌生的天然环境里。因此,在早餐时刻,我试着为她们打好精神与情绪的基础。

"我们已经体验了够多的痛楚,我们了解了撤退的重要性,我们也设法重拾过去的优点,试着去驾驭它们。今天我们要做的是修复的工作——将'独自'变成'合而为一'。我们要超越自己设下的限制,体验成为一个随波逐流的女人是什么感觉——这个女人欢迎一切的潮起潮落,可以低头看沙,抬头驾驭潮水,在生命的流动之中毫不退缩。这趟路的根本信念,就如林德伯格所说:我们女人必须自己长大。我们必须自己找到真正的中心。因此今天的漫游必须是个人独自的体验。你会想要与朋友同行或是停下来谈话,但是你必须抗拒这种冲动。当你允许自己单独一人,全然孤独,没有人来限制你的思维、感受与响应时,就会有意外的洞见与欲望蓦然出现。这时候要抓住它们,因为只有这么一次,身边没有人可以阻止你。我希望今天你们可以做到的是,当你宁静下来,关掉声音,你将会体验到一种野性,从此你不会想要再失去它。"

我望着眼前一片茫然的眼神,尝试一个新的说法。"我感觉到你们之中有些人有点紧张。或许你会觉得自己没有受过足够的训练,你的膝盖很软,你害怕孤独,但我知道你们都是来这里接受锻炼,想要尝试一些新的事物的。如琼·艾瑞克森曾跟我说的:'独处的时候,你就会发现自己有能力成为什么样的人。'你会发现自己可以伸展多远,到达什么地方,能够逃避什么,同时会明白有哪些有趣的事物可以带给你满足。这是你伸展与逃避的时候了。"

我知道这些妇女都只是一知半解。大多数妇女还是无法放下心中的忧虑。她们只是觉得很紧张,害怕即将面对的孤独与散漫,却不明白自己为何有这样的情绪。我一停下谈话,当然,到处都是举得高高的手。这些女性希望得到比较实际的细节。"你能不能画个当地的地图给我们?""船会走到波涛汹涌的海里吗?""我们要怎么样才不会迷路……尤其是在这样的雾里?""漫游的时间是多久?"还有人已经坦承自己怕水——说她们从来不会游泳,或是她们会晕船。我回想自己走印加古道(Inca Trail)的那一趟旅程,告诉她们,我在旅途一开始经历了怎样恐怖的焦虑感。我后来才明白,我只是对未知充满恐惧,也害怕自己无法掌控。

我说，女诗人莎顿（May Sarton）也曾经很害怕探险与孤独。当她突然进入庞然而空虚的寂静之中时，她发现自己孤立无援，这时候她对孤独的感觉，总会伴随着她对未知的恐惧。我们做女人的，总是筹划探险，因此很难信任别人为我们做的安排。"拥抱你即将体验到的自由，这种感觉是既恐怖又刺激的。但是请想一想，探险（adventure）的字根是advent，意指'开始'（beginning），每一个开始都会伴随着焦虑。认清你的焦虑，但是要将焦点放在探险上。我跟你保证，你的收获将是一次无比迷人的经验，它会刺激你的胃口，让你想要更多。"

周末营的这个活动，是出自我几年前一段非常特殊的经历。"对于伤势格外沉重的人来说，"我继续说道，"会很难消除愤怒，忍不住要指责别人。但是愤怒只会让你脱离你自己。这段步行的路程就是要把你带回来交还给你自己，正如我自己的经历。"

有一天，我发现我弟弟写给我妈妈一些内容很不好的信，他在信里反复责骂我。展读之下我怒火中烧，也觉得很不公平，于是我来到这个海滩散步。我每走一步，就骂一次："该死的东西！他怎么会这么可恶？"他直攻我的核心，我的心里充满他的毒液。我就在这儿，在我最心爱的海滩上，两脚重重地踩着细沙。我觉得自己一身都是阴影，像是被鬼魂纠缠着，觉得自己和这世界的距离很遥远，甚至离我自己都很远。最后，我跪了下来，迎风尖叫："神啊！请让我知道你与我同在——而且我并没有做错什么。"我停下来静听，等着答案出现。这时候就在我面前，有一只海豹跃出水面，接着又出现了两只。我瞧着它们，它们也回望着我，接着下起了一场小雨。我没有回头去拿我的皮衣，而只是让那温暖的雨滴落在我的身体上。我觉得自己很受眷顾，甚至像受洗的感觉，且确定自己是受到了比我自己更伟大的某种存在保护着、拥有着。我被带离了使我动怒的问题。突然间，我弟弟带给我的愤怒被潮水冲洗殆尽，我发觉自己微笑了，在一种平静的感觉和海豹的精神感染下，笑开了怀。

稍后，我重新思考究竟发生了什么事，我发现自己又走到了"我要"而非"我是"的位置。我要他肯定我，承认我是个好人；我要他别写那些垃圾信件；我要他改变他的思想与感觉。但是事实上，我对他的感觉、那些信件或任何其他的事都是无能为力的。在雨中，在海豹的陪伴之下，我回到了"我是"的位置。是的，我很伤心；我很难过；我很疲倦；我全身湿透了。但我同时也是个充满爱心的好人，这才是重点。

今天，我希望你们在这个荒远而天然的地方，也能够找到类似的恩典与祝福。南滩就和大多数女性一样，有过破碎与修复的历史。它曾经是一片长带状的沙洲，保护整个查塔姆（Chatham）海港。但是在1987年，一阵强劲的东北风吹了进来，将海滩吹成了两半。有一段时间，小镇和它的居民都处于危险当中，但是这段时间并不长。海滩就和一个坚强的女性一样，熬了过去，每一个冬天，她都会让自己的腰身增加一点深度与广度。一段时日之后，小小的沙丘隆起，为所有的野生动物创造出庇护所，而今天，她也成为你们的庇护所。

当你终于下船，站在海滩的尖端，你会觉得自己像登陆月球一样：没有任何人类的活动或社会行为；没有植物高过你的臀部；而大海、沙滩与天空完全融合成一片，我希望你能跟这片海滩一样重获生机。

到了海滩之后，找一个你特别有感觉的地点，创造你自己的空间。屈服于那样的孤寂与广阔，放下你想要掌控的心。让自己沉浸到不受干扰的无边世界，在那里，无止境的时光可以让某些事物从空无之中滋生出来。将自己收拾整齐，紧紧拥着。让孤寂开始为你进行修复的工作。或许有些人会受到巨浪的吸引，有些人则是渴望那拥有天然屏障的海湾的寂静，当然也有人会选择朝中央走过去，穿过那长满高高的、带刺的植物的沙滩草原，凝望着带有冲突之美的景观。

去年十月，从新泽西州来的泰瑞下了船，就只是朝最近的沙丘奔去，在那里睡了两个小时。同一个周末营，玛希亚被那些好玩的海豹迷住了，便决定裸泳，获得自由。玛希亚是第一个下船的人，她迅速朝半岛的尖端跑去，那里聚集了几只海豹。她慎重地除去衣衫，将它们整整齐齐地堆在沙滩上。接着，她将手举高，在头顶拍着手，然后跳进水里游泳。稍后，她承认自己差点功亏一篑，不是因为害怕那摄氏十二度的冷水，而是因为她觉得打扰了海豹群，怕它们因此散开了，以致毁了别的女人欣赏它们的机会。但她及时打消了自己的念头，心知自己这个周末之所以来到这个地方，就是为了不让自己老是不断地担心别人。她需要勇敢一跃，拥有一段只属于她自己的经历，结果证实此行是值得的。

清空

今天你们要到一个几乎没有限制的地方，在那里，天空与舞动的海水交汇，环境就和时间一般无涯，这是好消息。坏消息是，为了将时间做最好的运用，你不需要地图和时刻表，而是要减轻自己的行李。"你那沉重的包袱只会扯你后腿，如果你不把它放下来，就不可能爬上山，开启你的新生命。"琼·艾瑞克森有一回警告我，"旅行途中，最好是行囊轻便，没必要的累赘最好别带。"

老琼在一生之中，努力抛弃了许多东西，像后悔、批判、哈佛、紧身衣、尼龙丝袜、忧郁、组织性的宗教、完美。每一回她抛弃一些东西，就会在生命里空出更多的空间，以便追求生活的乐趣。

我们必须清空自己，才能够将我们那处于高速挡的个性变成慢动作。"清空自己，那么宇宙间的伟大灵魂才能够用它的气息将你充满"，作家比尼恩（Laurence Binyon）这么说。在海边的那一年，我按部就班地"清理房子"。我丢掉的一切包括：有害的人际关系、令人思维迟钝的例行工作、沉重的负担、多余的体重、模棱两可的态度，以及取悦人的习惯。现在我们每一个周末营的活动都会用一些时间来丢掉包袱和计划。

去年秋天，52岁的玛莉·安决心埋葬她的太阳眼镜，20年来，她都是用它来遮掩她自己；38岁的露西将许多人名塞在蜗牛壳里，一个一个抛入海中，那都是她不再需要记住，不希望他们留在她生命里的人的名字；45岁的乔伊斯·安已经不想再当那些起起伏伏的数字的奴隶，因此她将浴室里的磅秤塞在背包里，带到外滩，慎重地将它埋在一个沙冢里；帕特将她的罹癌幸存者别针丢进海里，因为她希望别人看到的她，并不只是一个幸存者而已；瑞碧佳和艾咪一起把她们的婚戒远远抛入空中看不见的地方；41岁的珍埋了一张照片，里头是她自己、她的丈夫和他的外遇对象，后者曾是她最好的朋友；芭芭拉是个工作狂，她埋掉去年填得满满的日记账本，决定辞去工作，自行创业。

现在轮到你们了。花半个小时的时间，检查你的库存，看有什么是你需要抛弃的。下列问题将有助于引导你。

减轻负担

- 有什么包袱是你想要去之而后快的?
- 你可以如何减轻自己的"心理负担"? 换句话说,有哪些义务、"非做不可"的活动、职责或负面的压力是你可以丢弃的?
- 什么人不应该继续待在你的生命中?
- 你想要什么负面的声音停止,无论它们是你过去的回音,还是目前你听到的声音?

这个练习是修复的关键——你必须创造出一面空白的画板,开始让出空间,在你的生命及日常生活里安排真正重要的人、事、物。我鼓励你跟随露西的脚步,将这个练习当成一个丢弃的仪式。在公园里生一盆火,将你的名单丢进烈焰之中;将你的名单撕成碎片,冲进马桶里;一面在公园里抛撒鸟食,一面想象着你将名单抛入空中;带着一袋子的瓶瓶罐罐到垃圾桶去,慢条斯理地抛进桶里。重点是,必须用心丢弃你心理上的包袱。

机缘

另一趟海滩漫步就此展开。那些女子到了最后一分钟,还在东奔西跑,多抓一个水壶,上个洗手间,然后走1.5公里路去搭乘在那里等候的船。灰暗的天空很完美——一张空白的画布或是琼·艾瑞克森的空白织布机在等着我们将它填满。

这一小段旅程通常耗时大约15分钟,不过由于有浓雾,今天的时间可能要加倍。但是我提醒自己,神秘的气候状况只会让探险更加刺激。我轻松地靠着椅子,让雾气轻触我的脸,那是干燥肌肤的清凉饮料。一切都进行得很顺利,我环顾那些充满期待的脸庞,我有自信,今日的漫游与种种体验,连最坚硬的灵魂都能穿透。

蓦然听见一声惊呼,众人转头朝向右舷,魔法出现了——一大群海豹正在踩水,欢迎我们进入它们的疆域!它们的魔力魅惑了全船妇女,大多数人都屏息静坐着。据说,单单只是凝视着海豹的双眼,永恒就会发生。海豹让我看见生命中错失的一切——至少包括脆弱、坦然面对自己的身体、爱玩的心、神秘感、野性。我带领这些女性前来漫游,总是很好奇她们会发现什么。有关这些动物的魔力,我们所乘小船的船主人曾经跟我们聊过一些,我们都知道这是一趟性灵之旅,不是野鸟学会的野外考察。

海豹的能量立即感染到大家。它们引诱着我们大家一起潜入，和它们并肩遨游。至少，它们那无邪的、未经武装的好奇与好玩之心，总会让我在接下来的一整天里，都觉得心情舒畅，可以迎接一切。其他野生动物也来凑热闹。几只海鸥俯冲而下，抢同一条鱼，还有一群鸬鹚从附近的沙洲飞起，太阳那圆圆的火球则从移动的云朵中探出了头，让视野顿时清晰起来。可以预期光亮就在不远的地方，我们也都瞥见了最终的目的地。

我们朝着南滩的尖端前进，船上的女子都已经对即将到来的一切雀跃不已——她们都已蓄势待发，但是，还没有登陆的心理准备。我警告过她们，她们的脚会打湿（以不止一种方式湿掉），但是当我要求她们脱掉鞋子，卷起裤管时，有少数几位女士却是一脸的讶异。当船被推进沙里后，她们费力地下了船，在冰冷的海水里奔跑了25米才抵达岸边，所幸一路都是笑语不断。

她们到了干爽的土地之后，便进入雾中——肩膀下垂，张大了双眼，微笑软化了先前焦急或严厉的面容。我相信她们会在这片土地上，找到属于她们的地方；在这片光秃的海滩上，她们可以书写自己的希望与梦想。"培养一种新的态度，"我悄声说道，"在不受限制的时候，看看你的生命可以如何朝气蓬勃。"

我知道的是，眼泪是少不了的。过去有一位名为玛若琳的周末营之友，她原本以为自己不需要这样的一个周末，但因为朋友的鼓吹,她还是来了。她在漫游一开始的步伐是坚定快速的,就如同在纽约长岛她最喜爱的沙滩上散步一样。不久,她突然听见她的母亲轻柔的声音,她母亲已经过世15年了。"好了,孩子,"那声音说,"慢一点。安静一下。你走得太快了;你没有必要什么都做。好了,孩子。"

玛若琳停下了脚步。在此之前,她都只想着要尽快完成这趟该死的漫游,但在这意外的干扰之后,她的身体开始融化。她留在背后的压力——有个女儿将要结婚,另一个女儿怀孕出了问题,丈夫正要进行手术——全都一扫而空。或许她的母亲就是要让她安心待在这里,因为她就是应该这么做。玛若琳被附近的一根枯木绊倒,于是她坐下来,开始啜泣。她始终没有时间为母亲的过世伤心。事实上,在此之前她还没有时间去感受什么。

另一位周末营之友——45岁的凯希在海滩漫步时,也得到了被当作礼物的泪水。

雾很浓,视野变得很模糊。但是雾给人的感觉很完美。那就是我过去的人生——迷失在雾中。但今天我并未迷失。这一回我有个目的地——一条道路。每往前一步,就是离开过去多一步,连带离开那所有伴随着我的面具和恐惧。我在沙上踏出每一个脚印时,都尽可能把悲伤留在那里,我总是用力踩出深深的印痕。我走时看见一根鱼骨头,长得就像一副面具。我一次又一次对自己说，我再也不需要面具了。这时候我的眼泪开始倾泻而下，在寂静中，我听见自己说："没事了，让它走，凯希，放了它吧。"这时候，我似乎开始觉得自己痊愈了。灯塔在远方出现，引导我走上回家的路。

还有人被快乐冲昏了头，像玛丽亚。

我听琼说，我再也不可能重新获得这特别的一天，我就决定要尽情享受它——看看我能把时间延长到多久。我并不急着走到终点，而只是四处徘徊、睡觉、游泳、写作、玩耍、画画，最后还用沙子做了一个最不可思议的美人鱼，海草当她的头发，大大的胸脯，还有一个叮叮当当的贝壳项链。我从小就没做过沙雕。我原本陶醉在轻松快活里，让沙子溜过我的手缝，接着突然间，我就在身边做了这个美极了的自由的女人——我塑造了她，正如我在重新塑造自己。我为我的沙雕拍了照，开始往回走。时间停止了——那是一件大事。我在回到旅馆之前，还不明白这事有多大，每个人都在喝鸡尾酒了！"你上哪儿去了？"她们都在问。我的回答是：我刚过了一生当中最美好的一天。

这一群女人又将发生什么故事呢？我心想，机缘将会施展它的魔力。新的冲动会浮现，修复的过程即将开始。

大海的礼物

5个小时之后,我坐在旅馆门口等着一行人回来。她们一个接一个地出现在街道尽头,姗姗来迟。有的人像着了魔一样,有的人全身湿透了,其他人则是一派轻松,几乎都是亢奋的模样。她们的臂弯里满是残渣碎片,像是浮标、形状奇特的漂流木块、钓线和绳子等等。天晓得她们丢掉了多少背包里的东西。她们的脸上满是汗水,眼里充满着透明的梦幻或是闪烁着火花。我挥挥手,她们加快了脚步,迫不及待地拿起堆在附近的棕色午餐袋。然后,她们一面狼吞虎咽,一面开始絮絮叨叨地说起这一天,她们去的地方,那松软的沙和海浪。她们解开背包,取出破碎的日记本,和她们在旅途中取得的有意义的贝壳或石块。她们对这般诗意的、自己原创的思维里络绎不绝的灵光乍闪的片刻,都有种惊艳的感觉。人大约到齐之后,我们一起重温当日上演的好戏。

"是的,今天的散步是很不同,连我都有这种感觉。"我承认,"在外头,那个冰冷而雾蒙蒙的地方,我失去了方向感,甚至焦急起来。那时候我就想:真棒。对一些心细的女人来说,这真是绝妙的经历。我们多少都觉得应该把自己忽略掉,让我们的孩子、我们的家人享受生活——我们被训练得如此小心谨慎。而失去方向感,被逼着离开我们的安乐窝,这到底也是好事一件。"

所有的人都认同我的说法。"所以，这是我今天的发现。你们呢？"

加州来的苏珊率先发言：

我在身边竖起了那么多的防卫设施，但是今天，在沙滩上，我的墙都融化了。我觉得全世界只有我一个人，却不觉得寂寞。我没有必要为自己辩解，也没有人需要我去打点。只有我自己，真是妙极了。

从密歇根来的贝珍妮接着说：

我带回来这三枚贝壳。第一枚很大，是圆形的。我看见它时，想到琼今天早上给我们看的玉螺。我好高兴，因为我觉得我找到了一个完美的象征物。但是我把它从沙里捡起来后，却发现它的边缘破碎，和琼的一点都不像。然后，我看到一枚坚固的蛤蜊。我要这个蛤蜊，因为它很坚固。但是我把它捡起来后，却发现它在我手上缩成了一团。最后，我看见了这最后的一枚贝壳。它从外面看起来毫不起眼——灰色、带着斑点，还有些凹凹凸凸的。但是当你把它翻到另一面，你会发现它上面有各种颜色，还闪着亮光。我知道我得到我要的讯息了。我需要把自己转一面，找到我那彩色光亮的底层，沉浸于它的美。我需要用新的方式去看待我自己，无论完美或不完美。

然后是盖儿:

我也找到一枚贝壳。第一眼看到它时,我心想,真是漂亮得完美。那是我过去对我丈夫布莱恩的看法。我并不喜欢我自己,这种情形持续了很多年。但我觉得他很完美,即使在他离开我之后,我还是觉得他很完美。当我拾起这枚贝壳后,我发现它有一个很大的破洞。所以我想,布莱恩其实并不完美。我带着我的贝壳走了一会儿,然后我忽然明白了:我并不想让布莱恩跟着我一辈子。但是当我想要把它远远丢开时,手臂却软弱无力,贝壳掉在我的脚边。这时候我才明白,问题不是这贝壳,甚至不是布莱恩。我的问题是,当我看见那贝壳时,我只想到他,而没想到我自己。我终于了解,"放手"意味着:在我身边的世界里看见我自己的倒影,而不是老看见代表他的象征。因此我拾起贝壳,把它带回来,好提醒我自己,即使我有许多缺点,还是可以跟那贝壳一样美丽。

荣格学派的分析家玛莉恩·伍德曼(Marion Woodman)曾经写道:"我们的身体喜爱隐喻,因为隐喻会将我们的身体和灵魂结合,而非弃身体于无灵魂的处境。"这群女子如此轻易地彰显了这句话背后的真理,而且她们这般轻松地对海滩有所感应,这一切都令我十分惊奇。她们继续讲述故事。可琳和几名女子都差点没去漫游,她和其他人分享她的胜利。

刚开始,我在水边站着。我只是在那里祷告,接着我感觉到一股力量进入我的身体,帮我做到了我真正想做的事——走完全程。我独自走了好一会儿,觉得很高兴,我终于上路了,而且我打定主意绝不放弃。但我还是很害怕自己会做不到,会死在沙丘上。然后我就发现了这3个连在一起的浮标。这是我的生命线,我这么告诉自己。因此我将它们捡起来,一路带着它们回来。我把这3个浮标拖在后面,觉得自己很强壮。我心里想着,你看看我,我带着自己的生命线。有一段时间,我全身都湿了,也觉得很冷,浮标变得很沉重。我不禁想要放掉它们,而且开始觉得很泄气。但是那时候我听见了这个女人的笑声。吉儿来到我身边,她只是自顾自地笑得很大声。她说她一直在跟踪我留在沙里的脚印。她说她可以帮我拖这些浮标,而我却突然明白我自己就可以做到。于是吉儿走在我前面,而我则是跟随着她的笑声回来了。

桑妮亚在一段绳子上找到了象征。

绳子缠成一团,我心想着,好吧,这绳子缠成一团,就跟我自己一样。它的基本结构太复杂了。

戴博拉抬头看着鸟儿。

我注意到海鸥是迎着风飞的,它们并不会遇见困难就转身离去,最后,它们就是利用风来让自己飞得更高更远。

艾琳将她的悲伤变成了贝壳。

我下了船之后,就跟自己说:"我要走完全程,而且我不要觉得对不起任何人。"于是我不停地走着。但是背负罪恶感是我的习惯,不久我就掉进这样的模式:"不能错过任何一枚贝壳。"因此我的袋子愈来愈重。刚开始我捡的都是像汤碗那么大的贝壳,然后慢慢地,贝壳愈来愈小,因为我的袋子装不下了。最后我只好停了下来,我不能再捡了,而且要丢掉贝壳,这实在太困难了。我在那里站了好一会儿,寻思自己就是来抛弃罪恶感的,结果我却站在那儿,因为丢了一枚贝壳而感到惭愧。这让我明白自己是多么可笑。因此我进行了一个放手的仪式,我把袋子拖到海岸线上,每一次波浪冲到岸边,我就丢下一把贝壳。回来的时候,我的袋子是空的,我也没有一点罪恶感。我觉得自己好像变了一个人。

她们一个个诉说自己的突破——就像海滩本身也曾断裂,因而创造了一处渠道,她们必须涉水而过。这是一个意外事件,那是被最近的一次暴风雨冲断的,而我并没有事先让她们做好准备。许多女子将它当成一个象征——她们现在已经做好心理准备,可以迎接一切,而且真实的人生往往都在我们的盘算之外,甚至超乎我们的想象,海滩的漫游也就是因为这点而令人觉得心旷神怡。卡拉看着海水在渠道里转动,感觉到自己的心思有所改变。

这趟漫游的前半段,我都活在幻想里。我觉得自己好像正在离开我的人生。接着我来到这个渠道,然后我看到海水自己转弯。这时候我明白自己是在走回自己的人生。我停下脚步,在那里坐了一会儿,直到我的大脑绕着那个想法打转,直到我明白那才是我想去的方向。我做好准备之后,就站起来,坚定地大踏步走向灯塔。

大家继续闲聊,太阳就要西下,这些女性勇敢地跨越自己过去的界限,显然对自己的了解更深了。我走到画架旁边,写下一套新的规则,那是这些女子应该要开始身体力行的——我称之为"改变的生命线":采取行动;去探险;面对你的恐惧;把握当下;忍受孤独;伸出手去,愈远愈好。

其实连我自己都很怀疑,而且这样的疑问数不清究竟出现了多少次:"这一切怎么可能发生在短短的5个小时之内?"我的回答是:"只要女人能够找出属于自己的时间,可能发生的事情是会让人大吃一惊的。"自己来一次远足,无论规模大小,在一个僻远、陌生而天然的地方,就必然会创造出各式各样的情绪、新的刺激与原创的思维。

更重要的是,这段经历会伴随这些女子一辈子。许多周末营之友都写信来告诉我,这趟漫游如何继续影响着她们。

从周末营回家之后,我变了,变得比较有自信。不止这样,那就像是有一部分的我在长睡之后苏醒了。在此之前,我是散落在各地四处游走的。我的各个碎片——妻子、母亲、女儿、朋友——都在那里,但还是有些缺口。那些遗失的碎片在哪里呢?我觉得很可怕,如果我发现了那些碎片:它们会是什么样子呢?更严重的问题是,真的可以找到那些碎片吗?

在漫游时,我必须说服自己要放松。我觉得很冷,迷失了方向,无法集中精神,而那该死的灯塔偏偏看起来又那么远。但在这时候我生出了一个绝不死心的态度——海浪退离岸边,沙滩变得坚硬,于是我找到一种自在的走路方式,便出发了。我发现,路上无论有什么障碍,我都可以绕过它。

我们不是,也不应该只是一些碎片,然而,我们似乎永远抽不出时间去寻找那些失落的碎片,或是像我们小时候在游戏书里做的连连看游戏,把散落的点点连接起来。空白页上的一群小点点在我们完成之后,却有了一个完整的面貌,这是多么有趣的事。海滩上的漫步让我把那些小点点连了起来。我确实发现了几个遗失了的重要碎片,它们都属于我的拼图。我回家之后,决定无论要花多久时间、有多么辛苦,我都要完成这个寻找的工作。

因此,当我们一面把酒浅尝,一面欣赏夕阳彩绘出的天空时,我举杯跟这些朝圣者说:"你们已经跨越了一道门槛,正朝着多彩多姿的人生前进。"

搜索自己的灵魂

有位心理治疗师曾经跟我说,你只要保持身心活跃,就很难忧愁太久。梅顿针对同样的主题,换成另一种说法:"你在群树之中是不可能神经兮兮的。"的确,长久以来,我都知道自然可以滋养女人的灵魂,它很少直接给人答案,但总是会给予人们滋养、安慰,灌溉性灵,促使人们成长。

坚强、安静与天然的地方能够抚平我们粗糙的棱角。在森林里,在一片台地上,在池塘边,在瀑布下面,在山顶上,一切迷惘、愤怒与悲伤皆消弭无踪。老子说:"不欲以静,天下将自定。"

你会到哪里去进行单人的大自然之旅?尽可能设想一个天然、陌生又没有限制的环境。最好是你之前没去过的地方,而且最好是你之前没有进行过类似活动的地方。你的独游未必非得要累垮你的身体不可,但是最好可以暂时将你带离你熟悉的环境。我建议你最好能够离开,而且至少活动4个小时。

你需要让自己有时间真正地体验开始、中场及结束。心灵的活动是没有快捷方式的。你必须花时间，让自己跌倒，再站起来，继续前进之前稍事休息，坐在树下，花时间进入洞穴，再回来面对阳光。人们向来是在中场阶段明白这趟旅程的力量的，这时候你的身体累了，也是最艰苦的时刻，因此你会希望能够获救。正如琼·艾瑞克森会说的："挣扎、拉扯与拔河，就是一切。"

你会沿着一条废弃的道路走向一片台地吗？走一段人尽皆知的小径？来一次终日的越野滑雪？体验一趟泛舟之旅或是独木舟的探险？还是来一次过夜的露营之旅？就和海滩漫步一样，逼着自己出门走一趟。假如你和朋友一道出游，必须保证你至少拥有两个小时独处的时间。时间愈长愈好。在你独处的时刻，让你的心灵自由翱翔。或走路，或跑步，或闲逛，和周遭环境相契合，享受寂静。假如有个点子或是某样事物来找你、跟随着你，那么就去发掘它的底细。这些机缘偶遇会提升你对生命的热情。

在你离开之前，带个日记本。里头记下如下事物，在你进入你所选定的环境之后，必须找到它们。你对这趟旅程感到安适自在之后，必须拿出你的日记本，将自己的灵魂彻底搜索一番。寻找：

- 一件完成了的事

- 一颗会说话的石头
- 一个触动你的声音
- 一道不期而遇的光
- 活着的事物
- 包裹着另一项物体的东西

想想自己找到的每一个项目。想想你的一生、你的感觉、你的目标,你找到的这些东西可以告诉你什么讯息?搜索之旅的设计,是为了让你将注意力集中于当下以及你的周遭环境,当身体的疲累开始占上风时,也可以让你分心。

在你想到别的事项之前,先让自己沉浸于这些思维之中。

部落异象追寻

许多美国原住民为了要和内在的自我接触,会离开他们的村庄,进入野地追寻异象。他们会去寻找一个会说话的地点,收集石头围成一个圆圈,然后坐在圆圈里 24 个小时,倾听自己心底的声音,或是伟大的神灵跟他们说的话。

这种花时间远离尘嚣,聚精会神不受干扰的做法吸引了我,让我在海边的那一年,也想要从事另一种形式的"异象追寻"。我在附近海滩上,找到一个绝妙的僻静地点。它有一排木桩可以靠着,而且我已经养成一个星期去一次的习惯。

想去的日子,我会在黎明时分,慢慢走到我的那个地点,沿路收集贝壳,在木桩附近排成一个圆圈。一旦进入"我的空间",盘腿坐下,我就会静坐半个小时,倾听我的呼吸声,和着海洋的律动吐纳,排除一切思绪,只欢迎声音和气味,聚精会神地倾听与嗅闻。在 10 分钟之内,我的注意力总是会转向一个字眼,一个意图或倾向,或是任何可以为我的这一天或是未来这一周带来意义的事物。在这心灵空间沉迷一段时间之后,离去之际,我总是觉得神清气爽、性灵充实。

在周末营中,我建议一行人在海滩漫游之前,先进行这项练习,好让自己将注意力集中。有位女士坦承,她很难安静坐着,而且当她面对一个像海滩这样的地方时,就很难不走上去。然而,她还是听从我的建议,在沙上画了一个圆圈,坐在圆圈中央。长久以来,她第一次在自己的空间里觉得很安全,因为自己在沙上画出的界线让她感觉受到了他人的保护,而且她史无前例地集中了精神。

当我们继续了解到真正的知识只可能来自我们的内心时,"异象追寻"是一个保证我们可以停留在轨道上的方法。

章末摘要

· 减轻你的负担
· 来一趟单人探险
· 接受大自然的隐喻
· 把握这一天

宁静时刻

我在开始举办巡回工作坊之前,从来不晓得女人们真的会那么渴望寂静。工作坊的内容包含了我的演讲,女人们进行一些创意练习,以及填写若干工作表。聚会的地点都不一样——教会的礼拜堂、露营场、饭店里的会议厅,甚至苗圃。但是在每一个工作坊的中途,一定会有一次半个小时的独"游"。这半个小时比不上星期六的海滩漫游,而且有时候,唯一能够代表大自然的,只有饭店大厅的一盆蕨类植物。但是在我独居的那一年,我了解到,寂静是一个可贵的朋友。安静的时候,我们的感觉可以自然发展,思绪可以有条不紊,我们可以听见自己的梦想。然而,有许多女性害怕寂静。对她们来说,那就是孤单与寂寞的孪生阴影,或者表示她们为别人所做的一切没有价值,或是它打垮了她们在自己的伤痛周围筑起的城墙。有太多女性需要接受诱导,才愿意走进寂静,因此,无论聚会场地是什么,我都会要求工作坊的参与者,到附近去找个安静的地方,找个字眼,或是找个生命中的隐喻。

最近,在某个教会举办的周末营里,我要求300名妇女离开礼拜堂,去寻找一个平静的地方。她们寂然无声地各自散开。有人走到圣坛,靠着它那独立的桌子;有一位坐在钢琴旁；另一位退到唱诗班的厢席；有人披上毛领外套带着伞（当时外面在下雨），去外头院子里散步；有人进了主日学校；还有人到了儿童游戏室，坐上小小的椅子，或是坐在阴暗的走廊上。无论她们选择躲到哪里去，才不过半个小时，就没有人想要回来。那些女子还不愿意离开她们的思绪、她们的地点、她们的意图或是那样的寂静。

要让你的人生出现新的方向，并不见得需要一片无垠的沙滩、一座高山或喜多娜镇的红岩。对大多数人而言，半个小时的寂静就够了。

我在沙滩上找到了什么

我找到这块凹凸不平的漂流木，木头的隙缝里还有一枚贝壳。我就是那枚贝壳，因为我允许自己受困于他人的掌握之中。

我找到这只古老的鲎，它的壳上因为布满藤壶而太过沉重，无法随着潮水游到海里，只好留在岸上等死。我来参加周末营时，背上也是满布藤壶。但是在我遇到古老的鲎之后，我开始剥除它身上的藤壶，以免它卡在岸上等死。我剥除了恶声恶气的嗓音、悲伤的朋友、对失败的恐惧、对身体的不关心，诸如此类。这将会是个持续进行的任务，直到我身上不再有任何藤壶为止。

我捡了一颗很美丽的空壳海螺，放在耳边，倾听大海的声音，就像我在孩提时代玩的游戏。我必须努力地排除海鸥的叫声、风的呼啸声以及大海的怒吼声。我学到的课题是，必须努力听到我自己的声音，尽全力忽略其他的声响。

我受到海草的吸引，它们就像成堆成堆光滑柔软的丝线，彼此交缠在一起。刚开始我以为自己已经被纠缠成一团，后来我把焦点放在海草上。它是那么的丰美肥沃。人们会收集海草，把它们放在自己的花园里。被这种"好的药材"——好人、好点子纠缠，会让我永远充实，有如沃土。我该避开的，是干掉的海草和破碎的贝壳。

我找到一串趾甲壳，它们一个夹住一个，有着非常刺鼻的气味。哈，我想到了，如果我们彼此黏在一起，就会开始出现异味。我宁可自由飞翔，就像海鸥，让风带着我到任何地方去。

我低头望着潮湿的沙，看见数不清的海鸥脚印在我前进的路上。我微笑了，因为它们让我想起自己的脚印——有那么多事要做，被那么多不同方向的人或事拉扯。在脚印中央，我找到一枚半露在外的心形石头。它提醒我，要好好照顾自己。

身体与灵魂

当我们疏忽原本应该重视的事,它就会演变成我们的问题。

——葆拉·里夫斯(Paula Reeves)

让身体动起来

在海滩漫游和接下来的分享之后,我的心情都是喜忧参半的——喜的是似乎大多数妇女都因为这次经历而有所改变与成长,忧的是那些没有收获的少数。当这少数人听着别人谈起她们的发现时,我会留意到这些人很焦虑,也可以感觉到她们对自己的失望甚至惭愧,因为她们只是站在边上,没有参与感。这些人要不就是选择留在旅馆里,或是不愿下船,走马观花地参观过海豹就回航;要不就是单纯地散散步,像是存心抗拒到底。无论原因是什么,不管她们是不是觉得自己身材不好、超重或是身体微恙,这些女性就是无法相信自己或是自己的身体。

海滩漫游是一个测验——一个对身体的测验,强迫这些女性相信自己有能力置身于野外、孤立而陌生的环境，是在进行一趟没有退路的旅程，测试她们的韧性。这是为了测试她们敞开灵魂面对未知的能力：面对一段没有界限、无法控制的经历，面对孤独。然而最重要的，这也是为了挑战她们的身体。

在海滩上漫步时，你会不由自主地关注自己的身体。你的心跳会加速、脉搏会变快。走在沙上，你会觉得双腿像绑着铅锤一样抬不起来，你的鞋子和衣服因为被浪花打湿而沉重了，身体也在风中瑟缩。为什么要走这一趟？因为，最重要的一点，这是一趟冗长又耗费体力的历险，它会强迫你去证实自己的情感与肢体的能力。而且就像琼·艾瑞克森曾说的："为了不失败，到头来你就必须依靠自己，明白自己是有能力处理事情的。"

大多数女性都比较愿意测试她们自己的情感，敞开自己的心胸与大脑，迎接新的未来，却不愿面对自己的身体，更别提测试它了，这点让我觉得很惊讶。许多妇女都觉得，光是走上海滩这样的肢体活动就足以让她们退避三舍，让她们怀疑自己。但是在我独居的那一年里，我发现，如果我不把身体考虑在内，就不可能掌握自己的生命。我们必须重新认识自己的身体，学着相信它的能力，才能认清身体的力与美。精神的启蒙和身体的启蒙是并进的，但是这个说法乍听之下令人害怕，因为有许多人所受的教育，都是在告诉她们，不要确切地认识或运用她们的身体。

我也不例外。长久以来,我甚至不敢正视我自己,尤其是赤裸的时刻。我走出浴缸时,总是抓住一条大毛巾,围住我的身体,从头到尾背对着镜子,以免一不小心看到我那不怎么完美的曲线和一团团的赘肉。我在结婚之前,确实照过几次镜子,努力通过控制饮食和运动修饰我的身材。在此之前,我曾经还为了参加一个全州的选美活动,而努力保持身材,因为我的母亲帮我报了名。我用标准方式去锻炼我的肌肉,把自己当黏土一样捏成一个好看的样子,那大多是为了赢得男人的眼光和旁观者的赞美。我从来不会为了保持健康而去滋养我的身体,或是感谢它帮助我度过每一个日子。

我刚开始搬到科德角时,被迫砍树、铲雪、扫除枯叶,以及和鱼市里的工人一样快速地剥蚌壳。即使在那个时候,我依然漠视自己身体的力量,很少给它关爱的眼神。饮食没有节制,不去定期做健康检查,也不安排一点小小的享受,例如悠闲地洗个泡泡浴,或是偶尔来一次指压按摩。毕竟,我远道而来是为了寻找自己,寻找一点内在的平静,而不是去在乎我看起来是什么模样的。

我想你可以这么说,打从一开始,我就是被训练成一个"扮演女性的人"(female impersonator),格洛丽亚·斯泰纳姆(Gloria Steinem)就用这个名词形容玛丽莲·梦露的心态。根据斯泰纳姆的说法,梦露一心一意想要成为别人心目中理想的她——

让她的外表变得完美,而不去探索自己的内心世界。她的身体就是她的画布,但是这具躯壳和她自己的直觉、思想与欲望全然无关。

有太多女性罹患了这个危险的症候群,认为自己的身体是为了取悦别人,是为了帮助我们融入社会,而且或许最糟的一点,是为了把真正的自己藏在背后。"女性如果对自己的身体感到不安,"埃思戴丝说,"她就会失去创意,也无法关切其他的事物。即使她的身体会保护她的性灵,也会支持它,让它发光发亮,即使身体是记忆与欲望的储藏库,大多数人依然将自己的失败归咎于它。"

当然,我也不例外,因为我还是继续束腰,穿魔术胸罩。"身材的错误",这是我妈妈的说法,可以用聪明的服装去掩饰,那么外形就会符合人们理想中的美,情绪和仪态也会有理想的表现。长此以往,我的身体所代表的意义,不过就是人们希望我呈现出来的模样。别去理会我的内在——那些躲在暗处、神秘兮兮的地方,它们只会制造不良的举动,只会藏污纳垢,简直是罪恶的渊薮。事实上,我因为对自己内心的活动很陌生,因此患了疑心病,总是担心我的身体会背叛我,因为我并不了解它。两者的鸿沟于是愈来愈宽——我住在外表的世界里,从根本上否认内心的存在,因此我愈来愈不相信自己身体的力量。我经常不吃正餐,喝瘦身奶昔,让自己看起来健康又苗条。我的丈夫下班回家时,我会赶紧脱下难看的 T 恤，梳一梳头，涂上粉红色唇膏，这样我看起来才会有好气色，不会太邋遢。

但是艾丽丝·米勒（Alice Miller）说得好："我们的智慧可能被骗；我们的感情会被操控；我们的认知会有困惑的时候；我们的身体也会因为药物而被愚弄；但是有一天，这个身体会跟我们算总账，因为它就跟小孩一样纯洁，它的精神是完整的，它不会接受妥协或借口，而且它会不断地折磨我们，直到我们面对真相为止。"

真心对待你的身体

有一回，我在新年参加路跑，跑了 5 000 米，这一次我的身体终于唤醒了我。我跑到终点时，已经喘得不行，简直就要昏死过去，但我还是跨越了终点，全都是拜我那强壮的双腿和心肺功能，外加我坚定的意志力所赐。我觉得很得意，但也非常谦卑。在这次愚蠢的化妆慢跑之前，我并未受过一分钟的训练，但我这垂老的身体似乎熬过来了。当我弯身稳定我那颤抖的双腿，深呼吸以调匀我的气息后，我终于被迫认识我的身体，给它少许的照顾与关注。琼·艾瑞克森早就警告我应该要这么做了——"你看起来不太灵活，"她会用她那独特的平淡语调说，"那就像是你还没休完产假呢！"

路跑之后，我开始正视这番明嘲暗讽。我也真的注意到老琼是如何持续地在健走，以及她有多么注重饮食，那不是为了保持好看的外表，而是不让自己的身体变得软弱，受到伤害或不合作。"身体是我们的力量。"她就像在诵念经文一样地说。"无论如何，它是唯一能够一路帮助我们的工具；它是一个可以随身携带的世界——事实上它就是一个奇迹。你必须对自己的身体有信心，"她继续说道，"它真的有能力陪你走过千山万水。"

因此，当我决定走上印加古道时，我非常仰赖她对自己身体的信心，急着想要她的建议与鼓励。

"你什么时候出发？"她问。

"8个星期后。"我回答。

"哦，那足够你做行前训练了。"她松了一口气说。

自从那5 000米跑之后，我就一直很规律地在健走。老琼建议我用这个做基础。"你在晨间健走之后，要不要来这里跑半小时的跑步机，最后再做点爬坡运动？"

"爬坡运动？"我问。进入她的屋后阳台，有20个阶梯，她坚持说，如果我能练习背着重物在那些阶梯上下10趟，就会有能力爬所有的山！

"你的大脑会欺骗你，亲爱的，尤其是在高山上。你的大脑做不到的，要让你的肌肉去帮你做。你已经看见你的身体是如何支持你实现路跑的梦的，"她继续说道，"印加古道的探险会是一趟终极测验。你必须做好充足的准备。"

训练从此开始——一周五天。我称之为"熟习训练"，每一段训练都让我更有信心，相信我的身体有能力做到什么。许久以来，老琼都劝我要离开我的头脑，进入我的身体。她看见我的进步就觉得很高兴，而这种喜悦之情是有感染力的。"你会看到——行为和动作会团结起来，带领你得到不同层次的快乐和视野。"的确如此。训练继续下去，一些我从来不相信的事情发生了。我开始感觉到一种聚合作用——渐渐地，我的身体与灵魂不再是相互分离的存在。每一次的伸展，我都觉得和我的肌肉、肌腱、四肢、器官有了更紧密的接触。拳头不再紧握，但我喜欢每一次花下的心力，克服每一个障碍，以便到达另一个阶段。每当汗水流下前额，每当我到达另一个运动层次，我对运动和这趟旅程的热爱也随之滋生。我的肺脏卖力地工作，就像婚礼上，无止境的迎宾过程中的风琴手；强健的肌肉取代了下垂的赘肉，我确实在训练一个可以帮助我生活的躯体，捕捉任何来到我面前的奇遇或机会。

当我在印加古道上走了 4 天，而终于站上太阳门（Sun Gate）——该古道的最高点时，我的身体和精神都感到洋洋自得！我的身体和我一同向高处推进，历经多变的天气、危险的地形，而且有一天持续不断地步行了 14 个小时。当我走进那古老的城市，和那些搭火车而非步行上山的观光客擦身而过时，我觉得自己走路有风。我已经重生，而且准备好迎接更多挑战。

高度保养的新视野

许多来参加周末营的妇女也都有同样的觉醒。乔伊斯·安（就是把浴室磅秤埋在南滩的那名女子）被诊断出她的血液不正常时，便猛然醒悟身体与性灵的健康是不可分割的。"我不接受那个诊断，"她告诉我，"因为那意味着自己可以放弃对身体的责任。当我就要失去它时，我才明白它有多么重要。"乔伊斯·安决定挑战自己的身体，以战胜身体的疾病，因此她安排了一项为期12个月的训练，以便爬上坦桑尼亚的乞力马扎罗山（Mount Kilimanjaro）。这不是她的第一次历险，她向来酷爱运动，也喜欢到野外旅行。她的热情带着她到北极泛舟，数度远征阿拉斯加的德纳利国家公园（Denali National Park）。但她为乞力马扎罗山所做的准备却有所不同。

乔伊斯请了一位训练员，一星期进行两三次锻炼。她还向一位营养师和一位顺势疗法的医师寻求帮助。"我决定用这一次的经历，去面对我身体所有的问题。我必须继续拥有强烈的体验，否则我无法想象自己还能有一点生气，而且我绝对不让自己沦落到我想做什么，而我的身体却裹足不前的地步。我的病让我明白我应该多关心自己一点——不光是身材或体力，而是整体的幸福。"

乔伊斯终于启程登山，结果她到了三分之二的路程时，却开始流起鼻血来，鼻血在鼻尖冻成了棒冰。她和高山立下约定，当她必须停步时，高山就得先警告她。"我想这就是我的山顶。"她对她的非洲向导说。"我已经走得够远了。"

"的确，"他回答说，"我认识的非洲老祖母里，还没有人能走得这么远。"

乔伊斯喜欢探险，却不只是达到一个或另一个目标，而是为了旅程本身，以及每一次经历给她的教训。"登山或是背着背包在野地里，这些经历都免不了会让你有所改变。"她说，"旅程刚开始的那个人，和结束之后变成的人是不一样的。这是我老是在追求下一次探险经历的原因。"

来自费城的贝齐目睹自己的母亲因为不敌阿尔兹海默症的侵袭而倒下，于是开始日日历险。

当我发现我的母亲逐渐离我而去时，我就决心要好好地活过每一天，而不光是活着而已。行动和活力变成我日常生活中最重要的事。我因为脊椎受伤而无法继续打网球，但我马上换成泛舟和飞蝇钓鱼的活动。一路划船沿小溪上溯，进入沼泽地，然后完全停止动作，飘浮一会儿，就可以让我寻回渴求的寂静时刻。它让我想起，我的童年都是在树林里玩耍，捕捉青蛙、小瓢虫与其他各种昆虫，如今我失去了这一切美妙的事物，我需要它们再回到我生命中。有个朋友打电话给我，邀我去蒙大拿州溯溪，我刚开始拒绝了。后来她告诉我，举办这趟旅游的机构名为"真女人"。这让我改变了主意，我们在河上钓了6天鱼,划过96公里,每艘小船上只有两个女人,中间坐了一位向导。那一趟旅游真是发人深省。钓鱼活动可以让我到户外去,使我想起我的童年,我喜欢那种感觉。我学会了读懂河流,在雨中站上几个小时;我习惯了露营,克服了自己对蛇和熊的恐惧,学习独处。我在钓鱼的时候,觉得我的日子很充实。我觉得很健康、很快乐,因为我的身体和灵魂都聚焦于同一个目标。它们在一起,充满自信又坚强。

我愈来愈觉得自己被乔伊斯·安和贝齐这类人所吸引,这些人都能够安于自己的身体,了解身体与性灵之间的幸福是无法分割的,因此她们都能够达成"身体的呈现"(physical presence)。这些女性在跑步、跳舞、练瑜伽、举重或健走时,你可以直接感觉到她们从中得到的力量。你可以看到一种内在力量发散出来,围绕着她们。我经常开玩笑说,形容一个女人强壮是很残忍的事,因为这就表示她可以承受更多。但是这些女性让我看到,力量可以让你从容面对一切,也有助于你思考。她们很强壮,因为她们保持了良好的平衡——她们的身体与灵魂结合了。

那么,现在的问题就是,我们要如何为自己的欲望挺身而出,感觉到自己与众不同,有生存的价值,然后从这样的感觉出发而有所表现?那些经过路跑,或是历险归来的女性眼中闪着火光,她们比大多数人了解(或是努力去学会)真正存在的意义是什么。她们的体验、她们的生命能量是显而易见的。她们并不只是走着寻常的生活步调——她们似乎对自己的存在充满热情。

南希刚跑完都柏林马拉松（Dublin Marathon）比赛，就来参加周末营。"如果我没有开始跑步运动，就绝对不会有胆量做什么事——连参加这个周末营都不敢。"她告诉我："我因为婚姻不健康，上司很坏，而且整个人被冻结在明尼苏达这个地方，完全瘫软无力。我以为我死定了。"

南希生活中的每个层面将她团团围住，她无处可逃，只好转而留意自己的身体——所幸她向来重视身体，却很少依靠它。因此她开始慢跑：刚开始是在她家门口的街上来回几趟，之后跑得再远一些，然后跟一个朋友结伴而跑，这个朋友的习惯是每天跑3公里。3个月之内，南希瘦身9公斤，并且报名参加了"为乳癌而跑"（Race for the Cure）的5 000米路跑。结果几个月之后，她竟被诊断出罹患类风湿性关节炎，这真是很讽刺。

重要的是，医生说慢跑会让这种疾病无法近身。所以，现在我不仅是为了逃离我的婚姻和工作而跑，还为了让我的脑袋清醒、振奋我的精神、征服我那愚蠢的恐惧感，是为了救我自己的命。慢跑帮助我塑造了自己——它让我更密切地接触自己的感觉与情绪。我可以更强烈地感受身边的世界，以及我的内在世界,因此我活得更热情。它塑造了我的内在,而且最终塑造了我在这世上投射出来的形象,未来也将是如此。我再也无法受到限制。我想每一个人都需要进行这种肢体活动,才能够接触到自己。

别再打击你的身体

我和南希、贝齐和乔伊斯·安一样,都知道我们并不完美,但是现在的我,因为身体与灵魂互助合作,我知道自己已经够好了——好到可以去登一座山,抱我的孙儿孙女,毫不迟疑地走上8公里路,或是连续工作12小时之后还有力气。我已经变成一个高度保养的女人——不再是美容院的常客,而是造访健身中心或按摩浴场,随时留意下一次的探险或疯狂的挑战。

这让我想到那些停下脚步的女性,那些还无法掌握自己人生的周末营之友。海滩漫游是为了鼓励大家将身体与灵魂结合起来,让躯体与性灵重获生机,让女人精神振奋,感受自己的坚强。但是对某些人来说,害怕失败的恐惧感与习性太过强烈而难以克服。好消息是,生命循环的练习可以帮助我们,无论在哪一种处境下,都可以将逆境化为转机与成长的可能,同样,被抛弃的身体也总是可以复原的。琼·艾瑞克森总是坚持说:"年纪愈大,我们就愈有所成长,也愈有自主权,但是前提是我们必须照顾好自己的身体。失败或堕落的时候,我们很容易将其归咎于地形或风势。但是只要谈到身体,就没有自怨自怜的空间,我们需要的是终生的训练。"

任何一个女人,只要考虑到僻静与自我修复的问题,就得要同时思考应该如何锻炼身体。从小地方做起,这和任何其他的事情都一样——开始相信这个神奇的工具,而不去忽略它。当我开始和我的身体做朋友时,我就开始检讨它是如何始终如一地守候着我,就像一只忠实的狗,即使我将它遗失在寒风之中,或是忘了喂它吃晚餐,它还是急切地想要得到更多的行动与感情。因此,我邀请你,别再不知不觉地打击你的身体,先回答如下问题:

- 一生中,你的身体为你做了什么?
- 它提供了哪些工作与支持的服务,却得不到你的感激?
- 此时此刻,你的身体真正有能力为你做些什么?
- 有哪些身体部位(骨架、五官等)和仪态是遗传自远亲?
- 你的身体有哪些优点?
- 你的身体有哪些缺点?
- 你有能力修补什么?

回答过这些问题之后,圈出所有正面的答案。我可以大胆猜测,你安住其中的这个工具,优点一定远远多过缺点。

该是给它一点赞美的时候了,别再日日数落它的不是,别再弃之如敝屣。

如此自我照护

下一步就是要同时照顾你的身体与灵魂。外界喜欢把女人的身体和灵魂区隔开来,但我们只要改变照顾自己的方法,就可以瓦解这种危险的态度。

回头看前文我所引用的埃思戴丝的话,她谈到女人和女人的灵魂之间的关系。这里可以再重复引用一次,因为埃思戴丝所谈的女人的灵魂,和女人与身体的关系是同等重要的:

许多女人极力消磨自己和灵魂之间的关系,仿佛这关系是微不足道的。但它就和所有重要的工具一样,需要有个遮蔽的处所,需要清洁、上油、修理。否则,就和汽车一样,这关系就会出现积碳,减缓女人日常生活行进的速度,使得她连做点小事都得花上很大的气力,最后终于崩溃而来到伤心岭,远离城镇和电话,然后就得花上很长的时间才能回到家。

追求身体呈现的女人,想要人生充满了奇遇和肯定,就必须学会庇护、清洁、上油并且修理她们的身体与灵魂。我们都会为了减轻多余的5公斤体重,而试着开始慢跑;我们会在孩子的婚礼之前减肥,或是在高中同学会之前天天健走。

但是我们往往无法达成目标。为什么？并非因为我们没有能力减重，让肌肉变得结实，或是抚平皱纹，而是因为我们的目标都只是为了外表更美丽，而不是塑造完整的自我。你必须学会从里到外调理你的身体。别去认同一个表象的目标，像是紧缩大腿的肌肉，或是改变衣服的尺寸，而是要开始认同一个梦想、一种热情或是一个性灵的标的，然后找一种运动去陪伴它。"任何事情的价值，都比不上为了重要的目标努力。"琼·艾瑞克森说。我去马丘比丘（Machu Picchu）的原因不止一个。我很羡慕我的孩子们曾经走过印加古道，因此我想知道我是否还有能力从事这类大胆的活动。但我也需要重新振作我那颓废的心灵，并测试自己的耐力与意志力。一路上，我发觉了体态健美与自我照护的喜悦。

庇护：有什么方法可以让你自己得到庇护？

清洁：你如何清洁内在的自我，给它一点平静，赠之以力量与护佑？

上油：你给自己的身体与灵魂"上油"的意义会是什么？要怎么做才能给它基本的养分？就和汽车一样，它需要哪些检查与燃料，才能维持巅峰状态？

修理：你现在，就是今天，可以如何开始修理你身体破损的部位？稍后你可以安排哪些大型维修？

当我们训练身体去支撑我们的梦想时，我们就是在学习实实在在地活着。实在的生活并不是要你去攀登高山或赢得赛跑,而是要认清上天赐予你身体的力量,并加以培养,那样我们才能继续尽己所能,活过精彩的一生。

章末摘要

- 不再打击自己的身体,练习自我照护
- 训练身体去扶持你的灵魂
- 培养身体的呈现
- 裸泳

泡澡与裸泳

我主持的周末营中,第一次举办地点有热水浴池时,就有3名女子在晚餐之后一丝不挂地跳进热水浴池里。她们快活激越地尖叫着,因为她们勇于这般淘气。不久之后,我们其余的人全加入了。在起初的片刻迟疑之后,大家就开始互相泼水,放肆地说说笑笑。没有人躲在大毛巾或泳衣里。有肥胖的女人、瘦削的女人、满是皱纹的女人,还有全身凹凸不平的女人。有些人肚子上有一道长长的疤痕,有些人大腿上有凹窝,有人胸部平坦,有人则是乳房下垂到肋骨下方。但是没有人在意别人的模样。那真是迷人又洒脱的经历。现在我一有机会,就会想要再来一次。对我而言,在热水浴池里和20名女子袒裎相对,让我更加确信我新发现的感觉,即身体的形象来自内在,取决于我的呈现方式,与我的外表是否完美并不相干。来自俄亥俄州的冬妮和我分享她的体验,她把自己的心得与收获形容得很好。

在我们的周末营开始之前,我就听说很可能要泡澡。我真的不能肯定自己对它的感觉是什么。面对自己的身体,我总是大方不起来。我的身材很不错。我练习瑜伽,我做举重,还会去慢跑。但我也喜欢甘草糖、葡萄酒、饼干和冰淇淋。我有不少橘皮组织,好像都集中在左侧臀部。橘皮组织其实还好啦——毕竟我已经49岁了,但是这种不对称的感觉让我很苦恼。我老是希望腿长一点、胸部大一点。我的身上大多数地方都有下垂的赘肉和疤痕。有时候我很以这些标志为荣,例如我肚子上的疤痕和疤痕之下下垂的赘肉——那是永久可见的标志,让我不会忘记两次剖腹产。其他标志就比较没有意义了,感觉起来比较像是缺陷。我这一辈子都在想着,只要我稍微努力一点,就应该可以再瘦一点、肚皮平坦一点、大腿紧实一点。所以,我去参加周末营做什么呢?

当然,琼鼓励我们把恐惧跟衣服都留在房间里,和她一同进入热水浴池。犹豫不决的我在房间里端详镜子里的自己,与此同时,我听见别的女人笑着跑过我的窗口。我并不完美,也绝不可能完美,但我来到周末营,就是为了逃避我的恐惧与不安全感的独裁统治。因此我脱下牛仔裤,披上浴袍。

热水浴池就是这样的,你没有办法带着一点优雅或闲适的体态快速进入热水浴池里。我到的时候,已经有10个人在那里了,我是唯一还穿着浴袍的。于是我也钻进水里,随着热气袭来,我感觉到勇气与信心也同时贯注全身。下一个人到达时,她也站在池边举棋不定。这时候我的直觉告诉我只能看着她的脸,尤其是她的眼睛,这是让她保持庄重的方式。但我发现她的眼睛充满了情绪和个性。我不再逃避这种亲密感,而决定正视它。当她的双眼对着我微笑时,我明白了,她的身体和我的身体都是无关紧要的。

当然,我感觉到身边充满了各种形状。但是我更清楚地感觉到一种充实感与柔和的线条,还有我自己的过去。我突然想到,女人的身体有种神圣的特质,这具躯体的设计,是为了安慰、筑巢、拥抱与扶持。我的身边围绕着何等不可思议的美啊,而我的身体因为这个经历而更有自信。我对实体的自我感到光荣,也不再嘲笑自己过去被视为缺陷的部位。我的身体记录着我的历史,装载着我的经历。我是真实的存在,我的身体也是。更重要的是,美并不存在于臀部或腹部,而是在我们的精神、头脑与灵魂之中。

并不是所有的人都能够像冬妮一样冒险,但是赤身裸体地跳进热水浴池,会激励她们想得更多,让她们找到尊重自己身体的方式。最近在加州举办的一次周末营中,当泡澡的点子不可避免地浮现时,我却浑然不知这点子竟然引起一名参与者的反感——好像我很坚持,假如你不脱光衣服,就无法共享这段经历。在周末营结束之际,她向我坦承,她有很多身体上的问题,她和暴食症及厌食症抗争多年,如今体态稍显丰腴,无法忍受与他人袒裎相对。即使我们都不带批判色彩,她的过去却不让她这么想。她对我感到怨怒,也对自己感到失望。但是她也够聪明,知道那是她的问题,而且她应该要面对。她的解决方式是什么呢？独自体验热水浴池——四下无人的时候，单独溜进池里，再次体会自己身体的愉悦。

有些人终于接受了自己的身体，愿意与它和平共处，对这些人来说，裸露身体似乎成了一种成人礼。在科德角举办的周末营里，那些妇女在大多数的清晨，都抱着她们的咖啡杯蜷缩在附近的海滩上，看着太阳升起。在某一个这样的周末，我发现有一大群女子急切地等待那橙色的火球从地平线上冒出来，除此之外，她们显然还有别的期待。当旭日初升、渔船准备出海的马达声突突响起，这些女子一一脱下自己的衣服，向海里奔去！

片刻之间，有十几名女子已经在海里泼起水来，她们因为自己勇于和海豹共游，切实按计划执行，而感到无比欢喜。

在其他的周末营里，我常常见到一名或多名女子飘游在南滩的尖端，同样是与海豹共游，她们很高兴自己能够勇敢地跳进冰冷的水里，在外人面前光着身子，终于感受到裸泳时的冲动——在身体与水之间没有衣物或限制。那是一种自由的体验，脱离常轨，如此违背传统，如此肆无忌惮。我猜这是为什么过去的每一个周末，都会有一个或几个女人想要挑战极限，而不理会旁人的眼光。

琼·艾瑞克森相信，享受人生就是要到户外，配合天时地利，最好是少穿点衣服。现在我已经接受了她的经文，也看到了那么多的女性决心接受机会，因为她们终于能够陶醉于自己的感官，享受自己的身体。

| 训练身体与灵魂 |

当你致力修复自己的身体时，最主要的工作，就是要了解你的身体可以如何为灵魂所用。参加周末营的女人们发现了许多强健体魄的方法，它们都是可以用来支撑梦想的。以下是她们的一些建议：

- 在母亲节当天，参与"为乳癌而跑"活动
- 学习划船、泛舟、飞蝇钓鱼、跳伞
- 为小区的少年运动队担任义务教练
- 骑自行车出门办事
- 走路上下班
- 通宵骑自行车上山
- 和"仁人之家"（Habitat for Humanity）一同盖房子
- 跟朋友一起报名参加穿越纳帕谷（Napa Valley）的健行
- 筹划并准备和你的孙儿孙女一起通宵骑自行车
- 成为一个拥有证照的普拉提（Pilates）运动课程讲师
- 和女儿一同游百米

星期日早上:
寻找平衡与界限,重新整理自己

放弃旁人对自己的期望

当你离开某些社交情境,进入暂时的孤寂,接着找到了些许珠玉,这时候一切都改变了。

——约瑟夫·坎贝尔(Joseph Campbell)

苏醒

到了星期日早晨,旅馆里弥漫着异常的兴奋感。一行人的脸上都闪烁着C.S.刘易斯(C. S. Lewis)形容的,"满足、沉静的喜悦混合着感激"。这群女子花时间远离尘嚣,勇敢地以自己和自己的关系为先,如今她们都体验到一种胸有成竹的感觉正在萌芽。她们明白时候到了,她们要在涨潮之时扬帆,不再搁浅于生命的浅滩。

在这样的一个早晨,我随着几位女士缓缓走在海滩上,欣赏日出。我手上端着一杯滚烫的咖啡,刻意和她们保持几步的距离,因为我知道她们只剩下这最后一天的独处,她们的肢体语言令我喜出望外。这显然不是昨天或前天围成一圈的那些人,那时的她们身心受创,而且充满了恐惧,她们静静地挑战我，要我带她们走出迷惘。现在我光是看着她们的肩膀放松、步履轻盈，就可以看出这群女子非常满足。她们似乎接受了自己的现状——这一刻就够了，那就像《圣经·传道书》（Ecclesiastes）中所说："天下万务都有定时。"有时当个母亲，有时去爱；有时建构人际关系，有时隐退；有时照顾别人，有时照顾自己。

从过去的周末营中，我知道来到海边的女人，到了这最后一天，都会觉得自己值得拥有一个有意义的未来。如今她们看到自己毕生努力使之完美的角色正在消失，或是决定干脆顺其自然，而且她们了解了荣格的观点："想抓紧一切，就会毁了它。"

在短短的36个小时里，大多数女子都已经发展出充分的自觉，现在也可以自在地接受改变。这个周末不止经过一次潮水的循环，这群女子也是。她们已经习惯了潮水的流动；她们感受过自己生命的海岸线，她们的生命也开始变得柔软，也要开始改变形状；她们也欢迎真理与洞见的波浪冲洗全身。

回想星期五时，她们连自己为什么需要抽离都说不上来。有人说她们是被"叫来的"；有人说她们是跟着自己的直觉走，或只是任性而已；有人承认自己只是因为接受了朋友的盲目邀约。无论最初的动力是什么，只因为她们在某种程度上相信自己的直觉，于是她们来了。当周末慢慢过去，她们的视野有所改变，她们就慢慢了解了自己的行动有多么重要——

在一开始显得有点奢侈放纵或是随缘的事，现在看起来却是因为自己确实需要而做出了反应。在宽广的苍穹之下，几乎没有限制，她们接受了自己的不足，衡量了错误，分析了不良抉择，肯定了需求，欲望也发出了较大的声音；最重要的是，这些女子释放了自己，不再负担别人的故事，不再小心翼翼，不再理会忧伤与失误。探险似乎总是人类精神的源泉，而这些周末营的特点，就是探险。

星期日早上，爱伦在她的日记上写道，她就只是醒来而已。

我只能说，那并不只是每天醒来重新恢复意识的感觉而已——我对这件俗事已经超脱了。我该做的事，在夜里突然清晰起来。事实上，我觉得自己很傻，因为之前无法清楚地看到未来。长久以来，我都觉得自己像少了什么东西。当我在星期日醒来时，我觉得负担减轻了，取而代之的是一种想要掌控与前进的强烈欲望。我很快乐，因为我知道自己要做什么，而且我知道自己已经够强壮，可以做得到。我终于理解了褪壳龙虾的隐喻。我就像一只龙虾，躲起来是为了长出坚硬的壳。在内心深处，我知道自己不想再做一个大家心目中的好人；现在我还知道，我可以做出任何应有的改变，因为我在自己的壳里过得很快乐。

诗人马查多（Antonio Machado）说："在生活与做梦之

间有件更重要的事——苏醒。"苏醒是强烈的自觉状态,它会创造出一种理直气壮的幸福感——当我们走出寻常的生活,允许潜意识与意识相遇,就会出现这种奇迹。爱伦和其他所有的周末营之友都已经学会倾听自己的声音——成为自身命运的主宰,而且终于有能力接受最根本的内在指引。

来自沙中的情书

这么多情感的交流,让一行人很容易就让星期日早晨从指尖溜过。但是她们掌握这丰美的幸福,设计出一个一劳永逸的方法,让她们远离生活中的一成不变。

因此,日出之后,我将纸笔分给她们,让每个人都可以写一封信给自己——就像她的知己——描述她的周末营,并回答这类问题:你在何时何地开始感觉到满足?你是在沙滩上感受到平静,还是在你抵达旅馆之后?你是在独处时或是和众人同行之时,还是在热水浴池里或是一早醒来就感觉到了?或许你在离家的那一刹那,或是搭上飞机,或是坐上你的车子,打开收音机时,就已经感受到平静。也许是你正在享受人们送上来的晚餐,或是看见房间里的鲜花,或是全程穿着同一条宽松的运动长裤时感觉到了。"无论如何,你感受到心灵的平静,"我说,"将它记录在你写给自己的信里。把信装在信封里,写上地址,贴好封口。在大约一个月之后,我会把你的想法寄给你。"

许多妇女告诉我,她们会保存这些信件,好提醒自己,为自己而活的感觉多么美好。艾丽和法兰辛把信放在触目可及的地方,才不会忘记或退步。

亲爱的艾丽:

我参加了一次最迷人的旅游。此刻我坐在科德角的沙滩上。太阳刚刚从海面露出脸来。我的身边坐着33个女人,两天前我还不认识她们,现在我却觉得好像已经认识了她们一辈子。她们成了我的姐妹。她们给我很大的安慰,让我觉得很放松。你知道我为了参加这个周末营,下了多大的决心。我读完《海边的一年》最后一页,就知道我非来不可,但是我从来不曾离家这么远,而且我不知道雷夫会不会赞成或支持我。我安排好行程之后,觉得很兴奋,但怀疑的情绪还是挥之不去。我刚辞去一份做了17年的工作,我向自己保证,我会好好迎接生命中的这个十字路口,结合勇气与力量,那样我才能继续前进。但是我并没有深刻感觉到它们之中的任何一项。

即使在第一个傍晚,当我们聚在一起,分享彼此的故事时,我还是不觉得自己足够坚强或有能力做什么。事实上,我还想回家呢。我不喜欢团体活动,也不喜欢谈论自己。我甚至没办法去学有氧舞蹈,而宁可独自走路。琼敦促我们,要留些时间给自己,但她还是把我们拉进这个团体里面。我真正开始诉说自己的故事时,第一次觉得心情很放松。要谈论我和雷夫的关系实在很不容易,而且也很难跟别人说,我之所以离职,是因为他的健康问题。我哭得很厉害,还有几位女士也一样。有太多人对她们的感情问题和各种抉择都觉得很迷惘。所以那天我们去吃晚餐时,我觉得很快乐,因为身边都是一些了解我的朋友。

第二天我们进行了一次独自散步的活动。第一次,我独自散步不是出自直觉反应,也不是因为害怕,而是因为我知道我可以离开一个团体,而且那个团体不会跑掉。现在我觉得很坚强,也很有勇气,因为我觉得有人支持我。我回家之后,你必须帮我找到一群女人,我可以跟她们分享我的生活和我的思想。我并不孤单。

亲爱的法兰辛:

此刻我正和琼·安德森在科德角共度周末,我必须跟你分享这段经历。今天早上我醒来时,觉得无所事事,也无处可去。我穿上和昨天一样的短裤,而且第一次,我没用吹风机吹头发。昨天好神奇,因为我去了我喜欢的地方,而且我敢拒绝别人。昨天琼把我们送到海滩上,我没遵守她的建议,而是自己找了一个地方。我在海边跑了1.5公里,然后穿过沙丘,脚踩着平滑的海水前进。抵达灯塔之后,我向左转,远离旅馆,到镇上去,独自一人喝了一杯咖啡。回来之后,我很高兴跟别人分享我的经历,但我最高兴的是,我先说了"不要"。现在我会愈来愈常说这两个字,因为这么做让我觉得很快乐。

在野性的呼唤之下,我们会希望追求自由而非恐惧,而在大自然里待上一段时间,我们就会摒弃谨慎与妥当的行为模式,转而大胆与狂放。你在崩溃瓦解之后,就可以体验到无数的突破。这些时刻、课题与隐喻皆将如疾风飞逝,但它们都值得你做成记录,也值得回味。因此必须将你的思想诉诸纸笔——写日记,以及花时间写封信给你自己。

在你的信里:

- 说明你为什么要离开——是什么让你开始寻找——以及此刻你在旅途中的哪一个地方。
- 描述你的感觉——你在离开之前的感觉,以及你在离开的这段时间里,你找到哪些令你感到满足的源泉?
- 最重要的是,试着写出,在你回归正常生活之后,你需要或想要继续抓住的是什么。特别注意你在早先的练习中,发现的一些感觉或欲望。找出你想握紧的事物,以及你可以做什么来达成你的意图。

写完之后，再读一次你写的内容。用底线画出灵光乍现的时刻、重要的欲望、意图与需求，这一切都会帮助你形成解决方案。这也许不是除夕夜，但它是你新纪元的开始。过去的周末营之友曾在她们的信里写过：决定真心对待自己；不再做任何妥协；坚持互惠；将独处当成一个好朋友；知道今天会来了又去，因此要过得充实；为暂停留出空间；放慢脚步，脚踏实地地活着。

现在封上信封，搁置至少一个月，也许两个月。你也可以把它寄给一个朋友，请她寄还给你。重温自己的思维与感受是很重要的事。欣赏旧照片可以让你看见你那强韧的根；而收到这封信会帮助你想起，充实感就在你的掌握之中。它会带你回到你尚未走完的旅程里，当你在某些方面太快故态复萌的时候，它也会给你警示。

平衡的行为表现

现在要开始结结实实地重组工作。唯一有希望保护我们这种幸福感的方法，就是设计一种可以维持平衡的方法，以便创造些许界限。

"因为学习当女人这回事，的确是一生的工作。"莎顿（May Sarton）说。我几乎每到一个地方都会重述一遍这句话。即使没有其他理由，我也会提醒女人，并没有一个简单、一蹴而就的答案。我们会向前奔跑，向后跌倒，重点是我们必须有个计划，继续执行下去。

当我在带领一个周末营，或站在某一个讲台上时，我知道一定有许多女人都以为我已有了万全的准备，我已经完成了我的工作，改变了我的一生，现在快乐地活着，享受我所有已完成的梦想和欲望。正好相反。是的，我很努力改变了方向，调整了我的生活，但是每一本新书有新的任务，繁忙的生活充满了更多的挑战。我就跟其他所有的人一样，我会忘记呼吸、忘记走路或忘记找时间让自己感到满足。我必须不断提醒自己，我的确拥有强韧的根、强烈的欲望，也有意愿朝我的梦想前进。我必须时时自我检讨，而且我随时都有维修保养的工作要做。

最近我的工作太过忙碌，营养却不充足。冬天到了，我的丈夫手术后正在复原，我的母亲在冰上摔倒受伤，芝加哥的孩子期待我去帮他们忙，因为有个小孙儿就要出生。不用说，我快发疯了。我该去还是该留下来？我的丈夫不喜欢被限制，我的母亲每天要是不来我家逛一逛就活不下去。没有了我，他们该怎么办？如果我去了，我该准备多少餐点冷冻起来？我该找谁来帮我照看我的丈夫和母亲？假如来了一场暴风雪，我们又停电了，他们该怎么办？我丈夫知道那个帮我妈妈家铲雪的男孩的电话吗？然而，如果我留下来，谁去帮我的儿子和媳妇，度过拥有新生儿的混乱日子？谁去照顾两岁大的葛雷帝，安抚他去适应新手足的到来？我可以去哪里帮他们的冰箱订食材？如果我不去，我是个什么样的母亲或祖母？

每一个可能都似乎令人筋疲力尽。我无法阻止自己的担忧与照顾人的习性，我开了一个工作的天窗，取消了和一个朋友的午餐约会。我担心得愈多，就愈发现自己被别人的需求与计划绑住。我比较关心我的丈夫、母亲、儿子、媳妇，还有，是的，我那两岁大的孙子，却不去想我需要什么、想做什么。现在我该怎么办？我到底想去哪里？

我又溜回到自己打的死结里，又想要满足每一个人的期望，我真应该好好取笑自己一顿。我又完全把自己搁在一旁，觉得压力很大。我的工作必须妥协，一点享受都没了，那样我才能够想出该怎么让大家的生活继续下去。那些来参加我的周末营的女性，现在会怎么看我？我没办法遵守自己的忠告吗？

几天之后，我搭机准备前往芝加哥，在飞机上，我发现自己很茫然，也想起了平衡轮（balance wheel）。我在海边那一年，因为需要蜕变新生，而发明了这本书里的许多练习，还有一些是出自那些周末营之友的需求。在一个周末的海滩漫游之后，有位女士带回来一颗大石头，它正好半黑半白，平衡轮就是在这个时候被发明的。她说："这颗石头就是我。"她拿起那颗石头让大家都可以看见。我们全都目不转睛地望着她，想知道她如何解释这条线索。她说："以前我都是把自己完全付出给大家。我再也不这么做了。从现在开始,我会把我的生活平均分成两半。这一半,"她说着指一指白色那边,"只让我自己用;黑色的那一半留给别人。"

她的说明让每一个人正襟危坐地写笔记。那是一个简单的画面,说明了平衡与界限。因此我在黑板上画了一个大圆圈,将它分成两半,然后我把每一半再分成4个部分。自我的那一面包含身体、心智、精神与关系;另一半包含朋友、家人、工作与其他。我跟大家一起,把所有我们想得到的现成的一切,以及可以用来照顾自己的方式,填满每一个部分。在身体方面,她们想到的建议有:饮食、按摩、运动、性爱或健走。在心智方面,她们的建议是:阅读、做心理治疗、写日记、听演讲、逛博物馆及睡眠。在精神方面,她们提议:去教堂、享受每日的安静时刻、静心冥想、做瑜伽、走进大自然。

在维护关系上,她们建议:每天晚上闲谈,找一个共同的嗜好,一起运动,以及倾听。每一个部分的建议往往都会重复,例如,性爱出现在身体、精神与关系中;运动、享受每日的安静时刻、做心理治疗与舞蹈适用于每一个部分。

另一边是保留给他人的,当我们为它进行脑力激荡时,也出现了同样的模式。在朋友方面,她们建议:平日一起散步、舞蹈、上博物馆、共进午餐;在家人方面,她们建议:一同旅游、一起去探险、看旧照片、计划某个晚上一起游戏;在工作上,她们建议:清理你的工作空间、做每日事务表或是休假一天。

如今我在周末营里,会把那些划分开来的圆圈分给大家。我们谈到8个类别,一起脑力激荡,想出可能的活动与点子。每一位女士都写下对自己而言可行的点子,填满自己的圆圈,自己决定需要做什么来滋养自己的心智、身体、工作和家人。当每一个人的圆圈都填满之后,我就谈到如何在家庭生活中,运用这个轮子去取得一种平衡。

"你的目标,"我解释道,"是要为'自我'的类别,每星期实现一项建议。换句话说,每个星期都要真正地为你的心智、身体、精神和关系做一件事。'他人'这个类别总是能够自理的。不久之后,你的生活就会出现类似平衡的状态。你不会再把注意力从自己的心灵转向你的朋友,从你的身体转向家庭。平衡将成为你的第二天性。当我们平等对待我们生活中的每一个部分时,我们就会觉得完整、营养充足。我们会有给予和接受的能力——让每一个时刻都成为你与他人真正互惠的机会。"

因此,在前往芝加哥的飞机上,我只要考虑应该如何照顾我自己,同时又能够照顾别人。对我的身体来说,我可以在孙子们午睡的时刻,到附近的健身中心去;我也可以步行到超市买东西,做其他必要的杂务。我决定在晚上,当我的儿子和媳妇忙着照顾婴儿的时候,要窝在某处阅读媳妇那些很好看的杂志。光是一个新生儿带来的恩典,就可以让我精神焕发,但我还是要走进天主教堂,花点时间赞美刚刚发生的奇迹。多的是时间经营我的关系——我会趴在地上和我两岁大的孙儿玩耍;一面帮助儿媳在这急速发展的家庭里,迎接新来的挑战,一面和他们联络感情。

　　光是写下或是想出我为自己的身体、心智与精神调配的药方,就可以让我集中精神,等待我那天赐的礼物,而且更重要的是,让我可以划出界线,不会过度介入,这是因为我已经成为自我与灵魂的学者。此外,在放弃人们对你的期待,而真心面对自己的需求的过程里,你会成为你自己的私人教练。"这里谈的,就是在面对真正重要的事情时,要采取立场,"琼·艾瑞克森说,"然后无愧于你得到的一切,千万别让它溶化了。"

　　我那爱慢跑的儿子来看我时,我总是会被他的行为感动。无论我们计划了什么活动,他总是会找到时间去慢跑。至于我,总会为了别人的行程,而把自己的意图忘到九霄云外,这已经是人尽皆知的事了。我试着减肥时,也发生了同样的事。为了要让别人觉得我比较能融入团体或在某个特别的日子,我总是很容易在我的饮食上作弊,然后呢,就难免失去了动力。我的儿子知道该如何做自己的教练,他总是为了各项慢跑活动,而随时都在进行训练。他有持续的目标,逼着他随时都可以出现在跑道上。他为他的训练、饮食和练习写日志,并且准备另一个行事历,以记录他针对目标有何进展,同时还能兼顾他的工作与家庭职责。

利用你写上批注的平衡轮,帮助你留在轨道上。每当你需要打气或需要提醒自己别忘了目标时,你就回头看看它,把它当成你的试金石。这是过去的周末营之友训练自己的方法,这让她们可以在回家之后度过许多困难的时刻。

因此现在需要面对的是这些问题:你花了多少时间在别人以及在自己身上?你最近有滋养自己的心灵吗?你有去做身体检查吗?我的儿子每天早上都会安排好他去跑步的时间,现在我也会在醒来时,记下我想要留给自己的时间。收获呢?我觉得很充实,也不会因为付出太多而觉得沮丧。

我们身为女人,把屈从别人的意愿当成了一种艺术。现在我们需要把这种屈从的冲动留给自己。这已经不再是住手止步与顺应他人需求的问题。现在我们不能再放弃自己的直觉,而只晓得去满足别人的要求,我们必须放弃那些"应该"和理想,转而满足自己的需求及欲望。现在应该要开始屈从自己。然后,也只有在这时候,我们才能成为自己从来没想过的女人。好极了!如珍·史娜达·博伦(Jean Shinoda Bolen)所说:"当行为与信仰合一,和谐于焉发生——当我们活出至高无上的真理之时。"

章末摘要

- 不再设法满足别人的期望
- 均衡孕育你生命中的每一个部分,以达成平衡的目标
- 成为你自己的私人教练
- 建立清楚的界限
- 身体、心智、精神与灵魂的优惠券(见第146页)
- 知道该保留什么,该抛弃什么

什么该留，什么该丢

琼·艾瑞克森跟我花了好几个下午的时间，讨论对我们每一个人而言，真正重要的是什么，无关紧要的又是什么。她有一辈子的时间可以回头看：她似乎很容易看到什么是多余的，什么则不是。当我们开始抓回真正属于自己的生命，有一个重点是，要知道我们喜欢或不喜欢的是什么，我们需要和不需要的又是什么。如果我们不了解自己的欲望、热情与感受，我们又要如何主宰它们？身为女人的我们向来受制于人们告诉我们应该要扮演的角色，我们应该拥有的感觉、行为与需求。许多人不知道自己真正想要或感受到的是什么，至少有一半的原因是我们从来不敢提出问题。琼·艾瑞克森在谈到对她自己有益的事物，以及可以让她的生活愉快或可以让她活得下去的事物时，从来都不会有冲突感。她之所以会变得这么清楚，是因为她记了一本流水账，上头是所有该留、该丢的事物。她定期检视这本账册，在这里、那里加一点，而且确保所有该丢的事物真的都丢光了。

以下是一些她会保留的东西：秘密、顽固、独立、回忆、离婚、写日记、玩乐、陶醉、新体验、探险。

以下则是她随时可以丢掉的：后悔、论断、紧身衣、脏乱、尼龙丝袜。

你在学习如何成为自己的私人教练时，要试着写出一张记有该留与该丢事物的清单。每当某事或某人使你灵机一动时，你就把它们加进表中。借此记录下自己的反应，你就会有能力看清所有的模式。你是否老是很想拒绝某位朋友的晚餐邀约？喏，也许是该这么做的时候了。下一次她打电话来，就直接回绝掉。你每次穿上新的蓝色毛衣时，是否都觉得心情很好？喏，再去买一件，或是别款同样颜色的衣服。

你对你心爱的人会体贴入微，会关心他们的情绪与反应，你只要用同样的方式对待自己就够了。要让自己维持平衡或善待自己，就是这么简单。

优惠券

要让自己变得完整,就必须花时间照顾自己的灵魂、精神、身体与心智。

为自己制作一套优惠券。贴上各种标签:灵魂、精神、身体、心智。

你每个星期可以做些什么事来活化你的灵魂、精神、身体与心智?为每一张优惠券写下一个答案。

周末营之友想到了如下点子:

灵魂:静坐、做瑜伽、海滩漫步、听演奏会、逛博物馆、上教堂。

精神:玩乐、歌唱、舞蹈、性爱、祷告、抱婴儿、重视感官、探险、离家一天。

身体:运动、跳肚皮舞、赖床、小睡一下、做脸部护理、做指压按摩、游泳、骑自行车、跑步。

心智:修一门课、听演讲、阅读、写作、写日记、沟通、发起读书会。

把这些优惠券放在触手可及的地方,尝试每个星期每一类都用上一张。如果四大项目中,你少用了一张,那么下个星期你就需要花加倍的时间去充实那个部分。

慢慢地,你就会很习惯去取悦自己了。

施与受问卷

> 如果滋养是女人的天性,那么她就必须滋养自己。
>
> ——林德伯格

1. 回答如下问题:

    你服务别人已经有多久的时间?

    你正扮演着多少个角色,或是已经扮演过多少个角色了?

2. 记录下来,你每天有多少次被要求:

    花时间在别人身上

    花精神在别人身上

    提供想法

    表示同情或情感上的支持

    倾听与回应

3. 现在写下在同一天里,别人有几次:

    帮你的忙

    不用你要求,自动自发地为你做什么事

    为你带来补品

    倾听与回应

    同情你或给予你情感上的支持

    预先考虑到你有需要

    你给予的比你接受的多吗?如果答案是"多",你就必须努力扭转现状。你无法要求别人施予,但是你可以确保自己花在自己身上的时间,和花在别人身上的时间一样多。

星期日下午：
拥抱你的新生，
让自己朝气蓬勃

凝聚力量，投资自己

人类总是在寻找意义、寻找自己。我们看见的自己，鲜少能够带给我们深刻的意义与快乐。我们为意义而生，并非为享乐——除非是带有深刻意义的享乐。我们生来是为了克服自己。我们都是追寻者。

——雅各布·尼德曼（Jacob Needleman）

开始你的新生

一转眼，这已经是我们共处的最后一个下午。一行人虽然依旧一脸的好奇，充满新鲜感，却已经急着要展望未来，不是远远的未来，而是在周末营结束之后等着的未来。她们正面遭遇和自己相关的一切：她们的脸型、家庭关系、成长环境的限制；她们以为自己欠缺才华，想象力遭受限制；她们有缺陷的个性；将她们紧紧锁住的选择，她们随身携带的责任——现在她们急着要继续体验自己未完成的生命。过去令她们嫌恶的、不完美或不良的抉择，如今已咸鱼翻身，都被视为充实而肥美的工作素材。但她们也都知道重大的挑战还等在前头。

"你们目前做到的事，"我对着她们说，"已经让你们不知不觉走上一条新的道路，而且我猜对大多数的人来说，都已经是一条不归路。这个周末你们来到这里，是因为你们走到了一个十字路口，是吗？现在，带着新鲜的洞见和新生的直觉，你们正要开始所谓的新生。"她们充满狐疑地望着我。

这趟不为人知的旅程是我在几年前注意到的，当时我正展读欧柯林斯（Gerald O'Collins）神父所写的书《新生》（Second Journey）。他在书中描述的，正好是我当时离家在寻找的一切，我猜你们也正在追寻这些内容。根据欧柯林斯的说法，当你年轻时的力量不再，当早年的梦想都开始显得肤浅而毫无意义，当焦虑与自我怀疑开始浮现，当失败可能成真，那就是你开始新生的时候。如我们都体验过的，当活动结束，动乱便会开始；当预料中的工作已经完成，当你发现自己在说"接下来呢？"，在传统文化里，中年人很快就住进门禁森严的小区，老年人都被送上床。我们当中有许多人都还在努力想找到一条原创、刺激又充满朝气的路。

这就是新生的点子浮现的时刻。那是一条不可预测的路，充满风险与未知，但是如果你够有胆识，想看见你的人生将会变成什么模样，就难免要走上这条路。新生开始，通常是因为剧变产生了危机感——例如背叛、令人意外的收入减少或失去工作、身体被诊断出问题、心爱的人亡故。简而言之，你在你的轨道上完全停住了。当你回过神来,你会发现自己就是必须止步——离开日常的苦差事和身边的人们,离开那真实的试炼,走另一条路。

你来到这个周末营,做的正是这件事。在离开的同时,你的价值观和目标都改变了。你开始看见自己站在十字路口,而且只有你自己可以决定你的下一个动作。如弗洛伊德说的:"两条路分别通往森林,而我——我走人少的路。"新生牵涉到许多挣扎的过程,其中之一就是要想出究竟走哪一条新路。但是无论这些重要的旅程有多少分歧,最终目的都是要激发你采取有意义的方式前进。

我有一回走到附近的一个池塘,遇见一群青蛙在岸边和湿地上跳来跳去。它们那突起的眼珠、规律跳动的肚子和好玩的呱呱声让我深深着迷。但是当我发现,它们从来没有一次向后跳,那就是我灵光乍现的时刻。后来我了解到,青蛙都只会往前跃进,不会向后跳。这对我们这些转化中的女人来说,是个多么伟大的象征——继续,向前,根本不要想回头!

自从我在那堤防上,第一次遇见琼·艾瑞克森,我就开始一心一意往前看。当她提议我走到海滩的顶端时,我很惊讶,因为那是个雾气重重、暴风雨即将来临的日子,狂风巨浪拍打着石头。她注意到我很迟疑,于是很快地说:"亲爱的,我在岸上留了许多包袱。我不喜欢往回看,活在过去。我对前方的事物比较感兴趣。"

你们离开的这个周末，就是新生即将开始的标记，而新生也就是你们回家之后，即将展开的第二趟旅程。你们会继续前进，因为你们已经知道舒坦自在地活在自己的肌肤之内是什么感觉：能够独处，喜爱独处，自由自在。要记得，如果妈妈不快乐，那么谁都快乐不起来；况且，实在没有别的选择了，不是吗？你们回去之后，又会面对响个不停的电话、心爱的人需要你、好奇的朋友、工作的要求很高，但是，不能再故态复萌。现在你们的路上已经充满了新的意图。是该凝聚力量，投资自己的时候了。

新生的最佳典范

对许多女性来说，新生的想法可能让她们无法招架，因为它点出了"未完成"的事实，仿佛眼前连个目的地都没有。幸运的是，你看到许多过去的周末营之友，她们确实在路上转了弯，大胆进行新的探险，重新创造自己。爱伦是你已经听说过的一位周末营之友，她自称为新生的最佳典范。

参加周末营之前，我生命中的一切都改变了。我的大儿子上了大学；另一个儿子拿到驾照，已经飞出笼子了；我的丈夫原本必须依赖药物，后来不需要了；我们盖了几年的房子终于落成，伴随而来的就是工匠接二连三的问题。最重要的是，我已经不再需要为我的丈夫工作，因此我的时间很有弹性，可以用来照顾家人——但是没有人像以前那么需要我了，而且我们的财务状况改善许多。简而言之，我突然发现自己已经没有存在的目的了！

我做的第一件事，是去买了一台跑步机，花比较多的时间外出，看《宋飞正传》（Seinfeld）回放，养了一只宠物狗。

然后我开始去参加戒酒互助会，以便了解我丈夫的新行为。想不到的是，我竟然发现过去的我和他是多么的互相依赖！这项觉悟让我去参加了犹太教神秘哲学（Kabala）的会议，修了一门摄影课，最后集合了一群和我想法类似的空巢期人士。团体里有人给我看《未完成的婚姻》（Unfinished Marriage）和《海边的一年》。我读完那两本书后，参加了一次周末营，那使我产生了极大的力量。我第一次有能力让自己不再依赖别人：我看见自己是一个个体，而不是别人的什么。但我还是无法确定该如何继续前进。

同时，我的丈夫沉迷于一个全新的世界，而我却无法融入。不久之后情况就很清楚了：我们是两个勉强凑在一起的灵魂，走的是截然不同的方向。婚姻失败，我很感伤，但我又很难放手。然后，有一天，我去超市购物，我开始怀疑，为什么我要为一个空荡荡的房子买清洁用品！没有人真的住在里面。孩子和我疏离了，我的丈夫和我疏离了，连我都和自己疏离了，我从手推车里把每一样东西取出来，放回货架上，空手走出超市。我觉得自己像在电影里，可以听见戏院里所有的女人都在欢呼，就像我开始在创造自己的人生一样。

从那一刻起，我再次感受到当时参加周末营时所体验到的自由。更重要的是，我独立自主愈久，就愈把自己放在首要位置。我继续去看灵疗师与心理治疗师，通过他们的帮助寻找方向，而且我真的开始爱上这些探索行动。首先，我开始了解，你永远不会知道这趟旅程将止于何时何地，或是它究竟会不会结束。跌跌撞撞的感觉，以及重新思考方向，全都是手边任务的一部分。坦白说，我从心理治疗师那里知道，这些年来，我都是在模仿我那理性而毫不幽默的母亲，她总是事事胸有成竹的模样。长久以来，我已经远离我那充满野性、憨傻而热情的自我。我需要再次感受自己的热情，我需要拥有自己的梦想，而不只是分享我丈夫的梦想。因此，当我听说有个长达一年的课程，可以让我进入心理咨询行业工作，我就去申请了。我开始感觉到有一种拉力，将我带往治疗的领域，而且我抓住了自己需要的自信，走进我看见的第一扇门。

"下半辈子的转折会给你一种特殊的机会，让你可以破除社会的制约，做点不一般的新鲜事。"威廉·布里吉斯（William Bridges）在他的《转变，需要一场仪式》（Transitions: Making Sense of Life's Changes）一书中这么写道。这也就是爱伦所做的事。她认清自己的天赋与热情，决定开始运用它们。她那真正的自我已经不再被她假设的自己遮蔽。她已经够成熟，发现了属于她自己的一片天。

好好活着，就是最佳报复

爱伦的故事启发了许多女性。毕竟，"好好活着就是最佳的报复"，作家乔治·赫伯特（George Herbert）如是说。你一旦离开生命的轨道，开始重新掌控自己的人生，下一步就是要为自己塑造美好的一生。正如爱伦所知，我们要想变成一个新人，就不能再做以前的自己。我们的目标就是要让你的中年危机变成中年转机。你必须做的，就是遵循神学家比克纳（Frederick Buechner）的忠告，继续"倾听你的生命，探寻无底的奥秘"。

前文已提到，爱伦对眼前的一切改变做出反应，结果开启了她自己未来的梦想。在下面的描述中，妮可也被卷进改变的漩涡之中，但她压抑自己的需求和欲望，希望将中年危机的冲击减至最小。她的孩子已经离家，丈夫换了工作，她的父亲变得愈来愈需要人照顾，但是妮可尽量把自己的感觉包裹起来，让生活波澜不惊。"我心里像地狱一样冒火，"这个中年的书局老板在她的周末营结束之后写信给我，"但是外表又如古井一般平静。"

过去30年来，我的生活方式，就是压抑自己的每一种情绪，不要引起任何波动，然后偶然间我发现了你的书。我被封面吸引了，于是到书局后面的房间里读了起来。你的感觉就是我的感觉。我通常不会在书上画线，但是这回我忍不住。我几乎句句都画！毫无疑问，我得在周末去一趟才行。我在科德角时，那本书活了过来——在周末营，和那些女子见面后，我们发现我们全都拥有同样的感觉，这一切改变了我的态度。我第一次醒悟到，我从来没有自己一个人体验过一个完整的周末。这究竟有多可怜？！我到底是怎么了？我心想：你是个什么样的白痴啊，妮可，竟然从来没做过这样的事？

回到加州之后，我立刻恢复原状，不再有一点改变与冲动的想法。周末营之后的感觉很好，我以为那就够了。但是当这种幸福感逐渐消逝时，我却要发疯了。我深埋心底的一切都开始冒了出来。我那可怜的丈夫不晓得我是怎么了，我那原本温和的个性，突然尖锐起来，让我变得咄咄逼人。即使如此，他还是用心倾听，也开始留意我的变化。我在周末营中声明的意图是诚实。我知道，要活得完整，我必须开始对自己和身边的人诚实，不能再事事隐瞒。因此，当我开始感觉到自己过去的焦虑又回来了，我就让它全部发散出来。我强迫自己将多年来的感受与想法全部摊在桌面上。我谈到我的渴望，我希望有一天可以住在一个四季分明的地方，我想再回到科德角，以及我再也不想继续过这样的生活。

当我开始说出自己的感受时,我觉得非常害怕。我早已习惯于忍气吞声,保持安静。但是我说得愈多,就觉得自己愈有力量,也感觉到那种幸福感又回来了。最棒的是,我的丈夫让我轻松过关,也让我们两人都吃了一惊。

他听进去了——至少听进去一部分。我们原本打算夏天要重新整修厨房的,结果我讲完之后,他看着我说:"你真的想要整修厨房,还是想开车到全国各地旅行?"我们选择了开车旅行——我想你可以称之为我们的外在旅游。我需要伸展自己,学着比较诚实一些,但如果我们想要逃离死气沉沉的现状,就必须一同努力,让我们的关系变得比较平衡一点。除了刚开始的一点失误之外,那趟旅程的结果证明了那是个转折点,那是我们两人共处的一段美好时光。我们笑语不断,到每一个地方,我们都可以分享各自对每一件事情的看法。最后,我们在佛蒙特州的伍德斯托克(Woodstock)买了一间民宿,搬家到东部去了。婚姻的前30年,我们在一起生活得很痛苦,因为我们事事小心、自我封闭、传统又古板。如今我们致力让我们接下来的30年生命发光发热。

我们都是自己选择的结果

爱伦和妮可都需要再次感受热情,学习如何走向她们的梦想。她们的直觉已经明白"要想拥有一种意义感(或自我感),

就不能有答案"。如荣格所说："要明白有人正在针对你或召唤你，因为生命，毕竟就只是一个响应而已。"

然而，并不是每一位周末营之友都会注意自己内在的声音，或是知道如何快速响应。我在海边独居那一年之后，又过了若干年，我才真正明白我的价值观与需求发生了什么样的改变，然后就开始努力想着我应该走哪一条路。丹妮丝就是一个面对这种困境的女子。或许你还记得，她在科德角待了6个星期，她回家之后，还是在质疑许多事，包括她还要不要维持婚姻。她没有儿女，因此只需要考虑自己，但即便如此，她还是犹豫不决。我建议她写下她热爱的事物。她列出来的清单不拘一格，却很实际。它包含如下事物：

摄影——人性的兴趣
艾滋病/非洲
女性研究/性别问题/性
写作
科德角

一日午后，她回她的母校去见老师，讨论她想攻读女性研究的硕士学位一事——那是她的清单上最安全稳当的一项。她进了电梯，发现有一张宣传单贴在电梯里，宣传单上写着即将举办一个倡导会，宣传如何到肯尼亚共和国去辅导有艾

滋病感染者的家庭。"那张传单召唤了我,"她最近跟我分享道:

我没去与老师讨论,而是决定跟从我的直觉。那天结束之后,我就报了名,开了张支票,开始打包。我毫不犹豫,甚至没告诉我先生。我知道这个举动会带出别的问题。我决定之后,就知道自己踏出了很重要的第一步。

生平头一遭,我觉得自己走在该走的路上——我自己的路。我有能力相信这趟旅程,甚至急着要达成目标,或是看见我的未来的形状。我当然还会带一部照相机。这趟历险之后,也许会冒出一本书来!

丹妮丝就跟爱伦、妮可一样,都学会了倾听自己内心的声音,为自己做出选择,而不是等着一个完美又合理的选择自己冒出来。这样的结果就是她觉得很愉快,不再觉得受到了束缚。"我们都是自己选择的结果。"沙特(Jean-Paul Sartre)说。的确,我们新踏出去的每一步,大胆抓住的每一个新的机会,都会回报我们一个更为灿烂的人生,增强我们存在的信心。

永无止境的十字路口——多选题

在我的前门入口处，贴了满墙的十字架，那是我多年来收集的成果。我认为自己是虔诚的信徒，但是这些十字架并没有宗教上的意义，其实它们只是用来提醒我，我曾经面临过多少个十字路口，以及我在每一个时刻都拥有诸多选择。我的十字墙吸引我时时向前看，保持胸襟敞开，欢迎灯火阑珊处可能出现的一切。有个助你开创新生的方法，就是看看你究竟拥有多少个选择。

在我举办的周末营和巡回工作坊里，我会发给大家一些十字形的空白纸张，如下页所示。在十字的正中央，写下一个类别，或是你目前正在处理的一个特定问题。你是否正打算跳槽，或是正打算结束一段感情？或是你很不快乐，觉得自己的身体或财务状况让你觉得缚手缚脚？无论挡在路上的是什么，都把它写在十字的中央。

现在，花点时间实实在在地想一想：你所有的选项是什么？我们经常会因为只看见一两条可以走的路，而让自己裹足不前，但其实你多的是可行的路。思考的时候，尽可能天马行空，发挥你的想象力。别去考虑有没有足够的资源或是考虑别人，只要把你能想到的所有选择，都写在十字的每一个分支上。我在设计这项练习时，想到的似乎都是工作、乐趣、家庭、家中的环境、财务状况和身体健康；我只觉得我的不满萦绕着这些,我像是被冻结在其中。我看不到任何选择,而且即使我大胆地抛开这些冲突,不论发现的是什么,或是万一没有任何发现,两种结局都令我感到害怕。但是那时候我读到了马雅·安杰罗(Maya Angelou)说的话。她认为每一条潜在的道路都只是另一次探险;她认为我们可以尽情尝试每一条路。如果到头来我们不喜欢其中一个方向或是别的路径,那么我们只需要再回到中央,重新朝另一条路出发即可。信手写下浮现在脑海中的所有机会。我们唯有继续前进,梦想才可能活下来。持续的行动与好奇心终将带领你走到你的目的地。是该出门徜徉在那一片原始领土了。

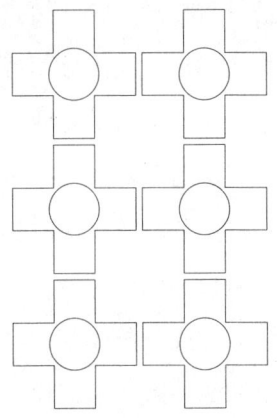

当你填完你的十字,再要求自己去尝试每一条你标示出来的路。你不会知道哪一个路径会真正带你穿越这些十字。这个练习的诀窍是,先解放自己,让自己想象每一个可能的选项，而且同样重要的是，转变自己面对每一个选择的态度，让自己欢迎它们，将它们当成是探险的机会。

勇敢

　　即使我们看见了一些可行的路，有些人还是会觉得自己身边都是一些碍手碍脚的人。要超越这些障碍，我们必须用心创造出一个结论，采取立场，而且愿意被视为一个不怎么和善的人。

　　我最近和一位表姐交换了一些意见，我觉得她当时的态度充满攻击性，而且带着指责。一开始我试着站稳立场，就事论事，后来我干脆闭嘴了。我十分不解，也觉得很受伤，但心知自己已经不再是一个带有敌意或批判性的人，我宁可与她互相讨论，分享想法与反对意见，然后希望在这个过程里可以有所学习。但我也了解，你无法改变别人的个性，例如，你无法强迫别人变成基督徒相信耶稣，无论你的信仰对你而言有多么重要。因此你在成长与改变的过程之中，沿路总是会失去一些人。就长期的关系而言，我们很容易沉溺于习惯与预期，我们总是和某些人一再重复相同的对话；但是偶尔，我们会愿意更新我们的说辞，允许别人和自己用新的方式参与讨论，做出反应。关系的进展，需要心智的契合——双方都愿意继续寻找，培养能力，最终才能有所进化。

电影《永不妥协》的女主角艾琳（Erin Brockovich）有个绝妙而大胆的忠告："如果你没气死几个人，让几个人侧目，你就活得不够精彩。"我将她的话放在心上，之后我的生活就精彩得多了，因为我可以不去理会某些人的目光。许多周末营之友回家之后，利用她们在星期日得到的兴奋感，而变得非常大胆。瑞秋跟她那好赌的丈夫说，他想办法戒赌，否则就滚出家门；蒂蒂当初很不情愿地跟着她的丈夫搬家，如今她决定搬回她刚离开的镇上去，回去画画，也可以离她的朋友近一些；苏珊娜离开她那已婚而不够格的男友，在隔壁州找了一份工作，远离这段难以戒除的恋情；潘恩辞去她那年薪六位数的工作，自己开辟了一个小苗圃，种香草；玛丽亚开始拒绝性爱，除非她自己主动想要。这些女性都知道，要想得到她们需要也想要的自由，她们就得先大胆行动。

有些周末营之友在前进的过程中，遇见了比较微妙难解的障碍。她们也许不能再去干扰别人的未来；或是她们希望活得比较丰富而不再小心翼翼；或是她们想要试试非传统的选择，而不去理会别人的反应。重点是，当你致力重新创造自己的人生，当你接受自己已经开始了新生的事实，你就必须勇于采取行动，在你逐梦的道路上，开始移除所有的绊脚石。

当你勇敢地看见自己所有的选择，决心走上那条会跟你说悄悄话的路时，你会得到什么？当你为自己挺身而出，决定大胆活着时，会发生什么事？你开始明白，你的梦想可能成真。你发现了一种新的目标感。你变得活泼开朗,神采奕奕。如歌德曾说的:"活出生命的色彩!一经触及,就深深着迷。我们都活过,却鲜少活得明白。"

章末摘要

- 刻画出你所有的选择
- 勇敢地活
- 跟从自己的热情——无论是高是低
- 收集人们的赞美

小而美的旅程

新生可以有各种形状和尺寸,却不是用山的高度或跑步的里程来衡量的。短短的旅程也可以对你的人生道路和风格产生重大的影响。重点是你要欣然接受种种不确定性,有创意地脱离你的标准生活和共同生活的人,跟随自己的直觉,不管它们以什么形态出现。任何活动都有可能变成你成长的沃土,新的活动尤其可以让你的智慧、情感、精神与外表恢复朝气。在活动过程中,它们还可以照亮意外的路径。

琼·艾瑞克森最初发现现代舞时,简直为它神魂颠倒。"这个我可以,我一定可以的。"她逢人就说,只要对方愿意听。"这玩意儿真了不起,可以用上我身体的每一个部位。"她总是觉得身体就是她的力量,而且它可以做的事情很多,并不只是生育婴儿、完成日常的工作而已。"舞蹈帮助我一路远离规范。"老琼对我说。"它是流动的。它让你变得比较有弹性,身体比较灵活,也会让你比较乐于好好活着!跳舞的时候,你是用全身在表达无法言传的话,不久之后,你就完全陶醉了。"

我有个朋友回头认真学画画,她也得到了类似的喜悦。"哦,我在本地的一间中学教美术,但我始终没有足够的时间发展我自己的绘画事业。孩子离家之后,我将他们其中一人的房间改装成一个画室,开始画画。我发现我根本停不下来。最近我不仅开了第一次的女性个展,还和一个朋友共同开发了一个课程,让女人通过绘画、旅游、写回忆录和健身,去重新寻找自己。我觉得自己似乎在人生路上,找到了一个属于自己的位置,而且我不由得想要鼓励别人走出他们自己的困境。"她是那么兴奋,连她的丈夫都受到感染,被她的工作所吸引。在她的画展开幕式上,他看见那样的人群与能量,一面不断摇头赞叹,一面开心地在各幅售出的画作上,贴上"已售出"的贴纸。

  我们大多渴求完整。我们都渴望挖掘出自己拥有的那些素材,却苦无机会,或是缺乏使用它们的勇气。你在生命的道路上,必须一而再再而三地重新开始。你必须花时间,做这个或那个实验,然后重新振奋自己的精神,否则你很难明白自己究竟应该做些什么。实验是脱离停滞状态的唯一方法。

  我们都拥有特殊的倾向和个别的想法,对某些事物格外有所"领会"。当我们来到某个时点,当我们终于不再视它们为无益之事时,我们给了自己一个机会,发现究竟什么可以真正让我们得到快乐。新生始于一个直觉、一点线索、一个想要扭转劣势的欲望。它们暗示我们可以得到快乐,而当我们追随这些暗示,勇于探索真正的自己是什么模样时,它们就会有所成长。

有些名人也曾经有过比较醒目的新生。吉米·卡特在竞选连任失败之后，和我们一样，提出这个问题："现在我要做什么？"在许多错误的开始，以及长时间的心灵搜索之后，他开始一次盖一栋房子，成立仁爱之家。特蕾莎修女觉得自己的一生如果只是做个单身女性，那就太没有意义了。她厌恶那种一知半解的感觉，于是热切地接受她进入教堂的"召唤"。就这样，她在40岁的年纪，开始了她的新生，创立一个修会，会中修女致力服务印度最贫穷的人民。

追求真实的存在，它值得你付出每一分的心力，因为你的收获不只是会影响到你，还会影响到你身边的许多人。心理学家道格拉斯·拉比尔（Douglas LaBier）是一位成人恋情方面的专家，他认为伴侣们在激情退却后都必须离开彼此一段时间，无论是象征性还是实质性的离开，各自去寻找自己的天赋或幸福，然后带着新发现的能量回来，这份能量可以将两人的感情重新点燃。长期的感情需要新的能量维系，任何一位伴侣只要有所成长或改变，就可以得到这份能量。

的确，在我孤身反省的那一年，我的丈夫看见我得到的收获，自己也想得到一点成长。但他并不只是站在一旁看好戏而已，他自己也投入时间，出门探险、追求新的事业。他先是在镇上担任义工，最后变成民选的官员，从一个州的督学，成为一所大学的代理校长。我的写作生涯绿意盎然，他的人生也在发光发热。我们都进入新的领域，而我们得到的刺激，也让我们的婚姻更有活力。

"不变成一条道路,就无法踏上旅途。"释迦牟尼说。无论大处小处,你都必须变得有生产力、有前瞻性,这可以为你的生命增添色彩,就像番红花从厚厚的白雪中探出头来。启程走上一条道路,可以让你觉得满足和更有希望。确实,要采取行动,任何行动都行,它可以证实生命拥有更多东西,并不只是沉思默想而已。一条路会带来另一条路;我们将重新点燃那沉睡已久的激情。我们还会开始留意到,沿途充满了乐趣。

要做自我与灵魂的学者,这是持续不断的过程。要继续"研究",最重要的方式,就是探索一切可能。一路上,某一项兴趣会对你说话,而你自己独一无二的新生就会开始。我们都必须活出充实的人生;我们都拥有力量与创意,能够从无到有地建设,而且,如琼·艾瑞克森所说:"枯等人生来找你,那是弱者的表现。"要活得有创意,并不需要耗尽精力。有些价值是我们认为最有意义、对我们的人生最有帮助的;我们只需要重新设计生活,朝那些价值前进即可。我们寻觅的,自然就会来找我们。

所以,出发吧——不管是什么,开始就对了!踏出一步,越过你熟悉的一切。谁知道一门绘画课可能带来什么?或许是肚皮舞,或许是为自行车比赛接受训练,或许只是一个决定。

| 新生问卷 |

- 过去几年来,你的人生曾经有过什么改变吗?
- 你曾经有过感情危机吗?
- 你觉得需要外出旅游——独自出门探险,暂时独立吗?
- 如果你已经做过这件事,你在旅途中,有感觉到改变发生吗?在有关人生意义、价值与目标上,你开始体验到变化了吗?
- 以你目前的眼光来看,有些旧的目标与价值或许变得很没意义或肤浅,你会想把它们丢掉吗?
- 你有所改变之后,是否开始觉得有点搞不清楚状况,和朋友疏远,因而再度感到迷惘?

要前进到人生的下一个阶段,你将需要以较大幅度挑战自己。你也许需要离开眼前的关系一段时间,到一个未知的地方旅行,或是换一条事业跑道。现在你已经踏上新的旅程,开始你的新生。只要你真实对待自己,沿途都会感受到自己新发现的力量。

| 收集赞美 |

当我们开始新生后，我们就会不断遇到一些抉择，像是该走哪个方向、追求什么兴趣或是继续什么关系。有个最重要的抉择是，我们究竟该听自己的，还是别人的话。即使我们觉得自己已经够好了，也还有许多总是让我们觉得沮丧的、批评的声音。如果我们没学会请他们闭嘴，就不可能学会听从自己的直觉。有时候这些声音来自别人；有时它们却来自我们的内心深处。要增强你的自信心，有个最容易的方法，就是收集赞美。

在我的自信心最低落的时候，我甚至会一边走一边不断大声地跟自己说我的美德。我用这种方法确认自己拥有的优点，只不过别人似乎很少注意到。或是他们有注意到呢？也许我的丈夫吝于赞美我，但是我生命中的每一个人也都吝于赞美我吗？我开始想到，也许我这么缺乏自信心是不对的。在我觉得难堪或疑心重重的时候，或许我只是扭曲了别人跟我说的好话。

我决定现在跟别人说话时，要好好聆听——确切地听他人在说些什么，只要有任何赞美我的话，就记下来。我这才发现，我收到了许多赞美，有些是编辑说的，有些是儿媳妇在电话里说的，和我一同在慈善委员会服务的朋友也曾经说过，这令我感到很意外。我把这些话都写在便利贴上，然后贴到我的计算机上。不久之后，我学会不仅要听见这些赞美，还要相信它们。

只要我们在周遭听到的美言较多，而忽视那些负面的话，或是不再把它们放在心上，就可能重拾我们的自信心与自我价值。赞美也可能是一些线索，让你知道自己擅长的是什么，以及你可能想要朝哪个方向前进。因此，要花点时间去听听别人在说些什么，相信别人赞美你的话，利用它们采取行动。

周末之后:
回家

决定在老地方当个新人

我们生而为人,要有所贡献。自己不付出的话,还能要求谁呢?我们都是独一无二的个体。如果我们不分享,这世界就会失去一个珍贵的礼物。

——佚名

重返常轨

天下无不散的筵席,啊,是的,一个离家的周末也有结束的时候。但这并不表示你应该要立刻回到自己的旧生活中,而不再流连你在周末营中得到的最后一点宁静与洞悉力。毕竟,周末营的重点就是要修复、再生、重返——并不只是恢复精神,而是要改变。你只要坐下来好好估算一番,就会明白,真的,一切都改变了——你的模样、你的行为方式、你的感觉和你的思考方式。为了继续担任你变出来的这个美好却未完成的女人,你必须保持觉醒。要让这点成真,你就必须认真看待重返常轨的问题,正如你认真看待你的离开。

我始终忘不了荻莱拉,她是一位三十来岁的大美女,来自纽约市。荻莱拉在银行界事业发达,已婚,有两个小孩,还有好几个助理。但是当她迫切需要休息时,她把这一切全部丢开,撤退到科德角来。她一走进旅馆,大家都可以感受到她的自信。她的肢体语言表现了她的自制与力量;她的问题都切中要点;她想要改变与成长的决心很坚定。周末活动进行着,她勇往直前,似乎毫不费力地吸收所有的经验,也在吸收每一个经验后有所改变。但是到了星期日下午,正当所有的人都沐浴在阳光下尽情享受的时候,荻莱拉却红了眼眶。她忍住泪水,终于声如细蚊地开口问道:"经过了这一切,我还要怎么回家,重新回到我原来的生活?我好怕。"

那是第一次有人直接提出这个问题,我被逼着必须给出一个好答案来。重返常轨是个难题,乍看之下,它似乎不怎么复杂,事实却并非如此,而且这是整个周末营活动中,极容易导致焦虑的部分。我建议荻莱拉,一步一步慢慢来,先不要有腹案。她一脸疑惑,显然觉得很失望,因为我没有给她一个比较明确的答案。她在寻找计划,也确实需要一个计划。

"但我知道我先生一定会有一肚子的问题要问我。"她坚持说。

"他当然会有问题,"我继续说,"但是你现在没有答案。"

"什么?"她问,室内其他人似乎也都吓了一跳。她们不是花了一整个周末在问自己问题,沉思自己的过去与未来,从大自然的隐喻之中寻找意义吗?她们怎么可能不是带着一箩筐的策略回家？

"现在，"我继续说，"你们走过这趟路，心里满是感觉和回忆，但是你们不可能把它们全部消化完毕。体验那灵光乍现的时刻是一回事。要完全理解所有这类的时刻，然后把你所了解的这一切说个明白，那又是另一回事了。我花了好些年的时间，才想清楚我发生了多大的改变，也才能跟我的亲友说清这些改变。你的确有所改变，但是目前，你最好还是先别试着说出来。你先放在心上一段时间，再回头去看它们，思考它们的意义与重要性。紧紧抓住你的新目标与梦想。你如果一回家就把你所有的新想法全倒出来，就有可能失去一些你在这里新发现的力量。他们没走过这趟路，也不会想要提出一些比较深入的问题，因此他们很可能会被你的答案吓到，然后试着想要驳倒你的新价值观。所以，在这个时刻，最好说些简单的话，像是：'很有意思，只是我还没办法理出头绪。等我想清楚了，就会告诉你。'"

放慢脚步，别走太快

我把重返常轨的过程，比喻为航天员在一趟太空之旅后，重返大气层的那段眼前一片黑暗的阶段。在这段时间里，任务控制中心和宇宙飞船之间是没有联系的，这是一段暂时静止的时间，每一个人都静静等着，直到宇宙飞船终于安全着陆。

来到周末营的人，如果能有一段类似的暂停时刻，会有助于更久地保持她们在周末营中得到的感受，处理得到的洞见。我丈夫在下班回家后，总是认为一个暂时静止的时刻很重要。如果他可以在进门之后，进房间更衣，调息，他就会知道自己在晚上休息的时刻，能够对家庭有所贡献。我们在回到家庭之前、之间甚至之后，都需要给自己相同的尊重，才能够继续我们最初开始的那一段快活的旅程。

我有个朋友叫琳，她负责照顾一位因罹患艾滋病而濒死的邻居。他的家人遗弃了他，而琳不仅照护他，还为他筹划丧礼——与此同时，还要照顾她自己的两名幼儿。她在丧礼之后进入家门，近乎虚脱，悲痛尚未化解，她的丈夫却以极不体贴的态度和她针锋相对："所以，你终于回来了是吗？终于可以回来当我们的老婆和妈妈了吗？"琳当场崩溃。她其实连身体都无法恢复为她暂时离开的角色，因为没有一点时间处理自己的悲伤，拾回自己的力气。她需要在处理过之后，也唯有在处理过之后，才有足够的心理准备回家。当然，琳迫切需要睡一觉，但她也需要哀悼她的失落——特意暂停一下。所有妇女在重返常轨的过程中，都需要这么做。

周末营之友在重返常轨的过程里都变得很有创意。许多人回家，但不回去上班，花几天时间在家里重新调适。有两个从波士顿城外来的朋友，刻意绕远路回家。她们沿着科德角运河骑自行车，停在一家最喜爱的餐厅边，进去吃了一顿美味的晚餐。当她们终于回到家门口，家人已经上床，因此她们可以在黑暗中，静静调整自己的心情。还有别的周末营之友突发奇想，住在汽车旅馆里，给自己多一夜的自由；许多人就只是延长住在我们小旅馆的时间，直到她们觉得想离开为止。

有位年轻的周末营之友，她在重返常轨前的暂停，就是她搭机回爱达荷州的旅程。一路上，她拿起日记本上写给自己的信，读了又读：

亲爱的伊莲：

亲爱的，你确实是有时间的。你知道的，是吗？人不能急着追求这些礼物：希望、目的、信心、忠实、爱、关怀与智慧。它们准备好了，就会自己出现——但我会给你比较明确的工具，因为我比你更了解你自己。

不要去解释或说服别人，也不要为别人辩解或想要操控别人！你现在已经知道如何肯定自己。肯定自己并不表示你必须变得贪婪或自私。你有能力祝福自己，肯定自己！我知道这点，因为我了解你！

要明白，一切都很顺利。才怪！你说。太简单了吗？不会的。慢慢呼吸。你才36岁，还有大约528个月可活。你现在很开心吗？只会更好。我知道，因为我知道你的未来。哦，是的，我真的知道。你的工作就是养大那两个孩子，之后他们就不再需要依赖着你。一切都只会变得更好。你拥有许多工具。你知道需要做些什么，但是要记得呼吸。

接受你的职责。还有什么更坏的事会发生呢？拒绝？否定？抛弃？那些琐碎的问题都已经处理好了。你比你想象中的自己要坚强得多，伊莲！当你感觉到快乐、满足与平静，就没有旁人可以怪罪，也不能归功于任何人，除了你自己。玉螺的生命就是你的生命。做点让自己觉得高兴的事（在合理的范围之内），接受你的职责！来自外在的核准与肯定再也行不通了。不要依赖那个外来的脉动。你想要你的力量回来吗？你已经有了，朋友！

没有、没有、没有、没有罪恶感！罪恶感只是让你有借口，让你不得不去做你以为别人想要你做的事。不要觉得有罪恶感！罪恶感是什么？你知道你自己的极限。现在，开始活着。钟摆在动。好好玩！

我爱你。

伊莲

比较起来，伊莲重新适应家中环境的过程算是平静无波，她守住自己的想法，因此有能力坚定她的新观点与态度。她确实找到了坚强的立足点，任何人都无法破坏她的平衡。"我带着一种神秘的内在平静回家，一种全新的冷静感受。我觉得更接近自己，也更坚强——不再那么依赖别人。事实上，我是自给自足的。我知道必要的时候,我有能力维持自己的财务与健康保险,因为这个周末,我认识了自己所有的力量。"

秘密就是力量

伊莲直觉地听从作家德里斯科尔(Louise Driscoll)的忠言:"在你心中留下一块静止的地方,安置你的梦想。"她用自己的暂停时刻,把她新发现的优点和力量塞进去,在那里,它们可以免于日常生活的挑战,也不会受到家中幼儿需索的干扰。

琼・艾瑞克森是第一个教我秘密有何力量的人——抓住一些讯息或新鲜的想法,直到它们成为你的一部分。"秘密是你的力量,亲爱的,"她曾经这么说,"它们让你有机会在自己的私密空间里,尝试新的事物。我总是爱玩秘密的游戏。拥有秘密,就可以让你培养出坚强的个性,它多少可以将挫败转为力量。我喜欢先斩后奏,有时根本不说。我猜我之所以开始这么做,是因为儿时我做的许多事都是不被允许的。因此我就只是自己去探险,秘密过自己的生活。那许多堆积起来的秘密就形成了我的特性。"

老琼敦促我去探索令我感兴趣的世界,只设定一个规则或目标——来得及回家吃晚饭即可。"你身边的许多人都太过自我,根本不会管你在做什么——直到你的新生命威胁到他们的计划。别跟任何人说你想做什么,因为他们只会去改变或限制你的新行为。"

当我们开始改变习惯或行为时,最好是从小事做起,而且私下进行,就跟我们做的任何其他事情一样。没有必要大肆宣扬;你只会吓坏身边的人,他们还无法重新想象自己的世界有什么样的限制。因此,你只要开始改变,一次一步。要走向平衡,一个小小的新行为就有很大的帮助。希望你在周末营中,已经学会如何让自己的日子过得愉快(切记,目标是愉快——我们已经过够了想要让自己变得完美的日子)。练习愉快的日子,相信接着会发生更大的改变。

我总是确保自己会采取一些行动,比如通过健身纾解压力,给自己很多思考的时间和试试新的点子。我的日子里一定要拥有这些愉悦,因此我变成了自己的教练——我聘请自己的意识,让我的行动有方向,让自己全身心参与。这是我高度保养的配方。一个步骤会带出另一个步骤,不久之后,你过去那许多乏善可陈的时刻,都会变成目前欣喜的日子。

保持清醒

你愈是挑战自己,就愈不怕别人的看法与批判。家人与朋友不是加入你的阵营,就是远离你。但是当你继续走上人迹较为罕至的道路，你身边的人终将看见你努力改变——你箭在弦上，不得不发。

脱离过去的道路，不久你就会觉得很正常，并不极端。随着每一个有意识的努力，你就会再被激励一点点。"一个女人在她从事的工作中，如果感觉到一点神秘感，"史娜达·博伦说，"就会触碰到她心底深处的一个创意中心，并产生激励作用。"你还没意识过来，她已经展翅高飞。

这就是丹妮丝的经历，她是周末营之友，为了追求她的梦想搬到东非去工作了一段时间。她从抵达机场，为她的历险登上飞机的那一刻起，就感觉到极度平静。"我好冷静——很清楚自己在做什么，这是从来没发生过的事。我一到非洲，就辅导那些孩子，观察那些女性有多么坚强，她们是如何忍耐的，而且只要给她们一点点，甚至一无所有，她们也可以过得神采飞扬，这令我继续留在我的新道路上的决心更加坚定。"

丹妮丝带着坦率的热情继续到处探险，在其他有需要的地方，运用她在社工方面的专长。过去有关身材尺寸的问题不复存在。没有任何事情能够阻挡得了她。她认为自己有权利活得很充实，现在她爱上了这个想法。可不是吗？就像爱尔兰哲学家约翰·欧唐纳修（John O'Donohue）在他谈到凯尔特智慧（Celtic wisdom）的书上所说：

在每一个生命深处，都存在着永恒，无论它看起来多么枯燥或徒劳无益。当你忠于成长的风险与矛盾时，你就是在用心活着。灵魂喜爱冒险，唯有走过冒险的穿堂，成长才能进入。在我们称之为日子的时空之中，可能与改变就是我们的成长。日子是我们据以存活的地方，日子的节奏塑造出我们的生命，新的每一天都赋予我们从未见过的可能。要用心探索生命的所有潜力，就是用心发掘每一个新日子的一切可能。

就是这样，要维持神清智明，就必须接受自己根本的神性。先决定要如何塑造你的日子，那么之后你就能够比较聚精会神地掌控它。如我先前所说，为了继续做这个目前我选择的意识清楚的人，我就需要行动、健身纾压和沉思的时间。要维持你这刚微调好的有目标的生命，你又需要什么呢？或许只是一些重要的时刻。因为，正如我那位85岁的朋友说的："我有过许多重要的时刻，但如果我可以重来一次，我还会要更多。事实上，我会试着无欲无求——只是去经历那些片刻，一个又一个，而不是在计划之下活过那么多年。"

盐巴姐妹

在你回家之前,你的工作大多是在独处时刻,在心中完成的,但是要继续你的旅程,你需要去找些欢迎你有改变欲望,也愿意滋养你的新理想的人。没有人能够独自进行;要停留在轨道上,确实需要与他人的合作,所以我建议所有的周末营之友,当她们再度找到自己的节奏时,就要形成一个姐妹圈。史娜达在她的《第一百万个圆圈》(The Millionth Circle)一书中,也给出了相同的建议。她认为,要改变我们自己(以及接下来去改变世界),唯一的方法就是形成一个团体。

许多过去的周末营之友都发现,她们可以借由彼此保持联系,而继续维持那个周末高昂的心情。最近我去拜访一群过去的周末营之友,她们组成了一个团体,自称为盐巴姐妹。这群女子在周末营结束时,靠直觉走近彼此,她们的故事很有激励作用。

不过两年前,我参加了一次海边周末营。我经常形容那个周末是我活了49年到现在,最重要的一段时间,因为在那段时间里,我让自己获得了新生。全国有22个陌生人见证了我那次的新生。在那些陌生人之中,有8个人变成了我最好的朋友,我的盐巴姐妹们。

那个周末结束之后,我们9个人知道我们需要保持联系,因此我们决定每年聚会4次，无论搭飞机还是开车，好继续我们从科德角开始的个人旅程，并培养我们那狂野又重口味的女人味。这些重聚的时刻让我有力量继续走下去，集中精神改善我的生活。

我们起初聚在一起，是因为我们都有痛楚和悲伤，现在我们继续在一起，是为了希望，为了提出问题与梦想。我们陪伴彼此，探索我们和家人及朋友之间的关系、我们在自己生活中扮演的角色，以及我们个性上的作风。我们扯出一些大问题，像是"谈恋爱和爱上某人有什么差别？"或是"我的孩子长大了，我要如何当他们的母亲？"。我们一起处理我们的痛楚、恐惧和梦想，我们为彼此喝彩哭泣，我们一同探索寻找我们的意图和目的。因为这么做，能让我们互相肯定，也肯定身为女人的自己。我们对彼此的用心都很深，因为那也是我们对自己的用心。

一年4次，有时还更多，我们在一个不同的城镇或度假区相聚。我们会去租个房子，而不是去某人家里聚会，因为没有人想扮演女佣的角色。我们大多数时候都只是在说话，分享彼此大大小小不同的经验，以及对我们造成影响的一切。总会有人提出忠告或建议，无论是情绪方面、精神方面、医疗方面还是法律方面的事务。我们一起吃，一起骑车，一起阅读。我们没有安排行程，但是乐趣十足。

在两次相聚之间，我们随时都用电子邮件联系。每天早晨，我一打开计算机，就会有至少一位盐巴姐妹已经在跟我说"早安"。任何人只要发生危机，我们就会全部到齐，尽可能提供同情、建议与祷告。虽然我们分散于各处，我却总是觉得自己处于一个十分亲近、紧密而温暖的小区里。

我发现在我的生命里，唯有这些人是可以长久相处而不需要抽离的。那是因为我们会分享并尊重各自的隐私。我们是互惠的结合，我们既施也受，对彼此诚实，充满爱心。我们会抽离与修复，我们会重生与解放，而当我们回到各自的家，我们会带着彼此的支持重返常轨。盐巴姐妹是一个可以帮助我的工具，让我可以继续走在自我赋权、成长与自爱的路上。这个工具帮助我维持平衡，让我可以集中注意力，保持神志清醒。盐巴姐妹之间的凝聚力超越了友谊。作为盐巴姐妹，我们在自我追求的路上相互扶持。对于这一切，我感恩无尽。

组成盐巴姐妹，是为了让彼此更有力量。当她们重返自己的生活，她们下意识地知道自己会需要外在的支持——从里到外的支持，让她们可以支撑住自己新发现的意图与欲望。她们在彼此心中激发出来的安全感与信任感，并不存在于其他的友谊之中，因为在那些友谊里面的旧习惯、旧有的谈话与响应方式，都会压抑她们新得到的改变了的欲望。但是因为她们拥有彼此，一切都可以摊开来谈。如她们之中有一位最近跟我说的："无论是多么难以启齿的问题，例如秘密、有关性爱的建议、健康问题、婚姻问题，都没有一点限制。我们在彼此面前，就是完全的自己。"

创造自己的生命线

为了紧盯你那不断增进的目标，抗拒想要溜回老日子的引诱，你也需要让自己身边围绕着支持你的女人。想要重新掌握自己人生的女性，她的目标就是要学着活得比较有创意。一个支持网络可以让你有足够的安全感，这样你才能接受新的挑战，尝试新的探险，继续重新定义你的存在应有的形态与质量。

古希腊人相信，通过持续的对话与诚实的分享，朋友们就可以一同体验较高层次的真理，尤其是女人，她们从远古时代开始，就会聚在一起说悄悄话、一同分享、相互安慰。例如，古时候的拼布制作就是这样的一个活动，当她们在一起缝缀碎布的同时，也是在缝补自己的人生。她们一面缝补，一面闲聊，分享她们的痛苦，她们的喜乐和智慧，帮助彼此把所有的碎片拼凑在一起，加固接缝的地方。即使在今日，我们在百忙之中，还是会觉得需要与人联系、与人分享。只不过我们是一面奔波一面做——在家长委员会的会议上，在女生的化妆室，在竞走的时候，或是在读书会开始之前或结束之后。

盐巴姐妹很幸运，她们遇见了彼此，在周末营里分享自己的感觉和经验。你们大多数人也需要建立自己的朋友圈，这不应该是令人却步的任务。想法相似的女人会自然地互相吸引。你只需要去追求一个梦想，或是试着去做一件渴望很久的事，那么你就会忽然发现到处都是相似的心灵。如盐巴姐妹中的菲比所说：

你只要认清自己的痛楚。你必须要有破釜沉舟的决心，那么你才会明白，带着痛楚的你并不孤单。你必须冒险把自己摊在阳光下，才能把和你相似的人吸引到你身边来。例如，在我的大儿子上大学之前的暑假，我感受到极大的痛楚，有种极度空虚的感觉。我唯一想得到的就是寄出传单，给一些必然和我有相同感受的女性。我找到大儿子高中的通讯簿，寄出50份传单，结果有34位妇女来到我家，都是此前从未谋面的女子。我们一起笑，一起哭，一起同情彼此生命中发生的改变。我们为这个团体取了一个名字——MT俱乐部，MT意指"我的时间"（My Time）。我们相聚之后，就明白自己目前的状况并非空虚，而是该轮到我们自己做主了。大约两年后的今天，我们的核心成员有20个人。我们会在每个月的第三个星期二聚会，就只是想要自己庆祝一番。

先有个明确的重点也会有帮助。15年前，我聚集了一群形形色色的妇女，一同研读《与狼共舞的女人》。在一年的时间里,我们谈到我们的性灵、身体、心智与情感,以及人际关系。我们哭,我们笑,我们狂吼,我们倾听。书读完之后,我们还是继续聚会。就和盐巴姐妹或MT俱乐部一样,这群女子帮助我走过人生的千回百转;她们不带批判地支持我的决定与感受。最重要的是,她们支持我继续挑战那些被界定的角色,以及这社会抛给我们的那些"应该"。我们一同改变了我们的人生和家庭,因为,正如玛格丽特·米德(Margaret Mead)曾说的:"一小群深思熟虑而全心奉献的市民可以改变全世界,千万不要怀疑这点。的确,就只有他们曾经办到过。"

生命线步骤

1. 认清一个特别的痛楚
2. 知道自己并不孤独
3. 探出头去,诉说自己的感受
4. 选择一个生活形态,组织你的团队
5. 用心投入定期聚会

拥有生产力

成功地重返常轨需要一个暂停时段，需要有能力保守秘密，以及志趣相投的心灵给你扶持与鼓励，除此之外，还需要找到一种让自己拥有生产力的方法。或许你还记得，就在我独居海边的那一年之后，一群朋友来看我，她们也想知道我遵循的那些步骤。在琼·艾瑞克森的鼓励之下，我将我的经验变成一系列的回忆录。我学会支持自己，倾听自己内在的声音，而我写的每一本书，都帮助我更深刻体会自己学到的这一切。我找到了一个维持生产力的方法，我将我得到的智慧流传下去，也鼓励更多的女性去欣赏她们生命里未完成的一切。

"每一个人都是别人的老师。"史怀哲医生说，他是第一个把现代医药带到非洲丛林里的人。琼·艾瑞克森当然也同意他的箴言。"互惠是非常重要的，"她一再地说，"没有投入，没有互动，就不会有成长与改变。要将这一切组织起来，让它显化出道理。你还是需要独处。但是要让新的行动与态度生根，就需要经验的传承。"

有许多方法可以让我们拥有生产力。有些周末营之友回家之后，和她们的朋友一起成立读书会。她们会阅读相关的书，鼓励彼此去讨论自己持续的成长。还有人在女儿或侄女的陪伴之下，多次回来参加周末营。我除了撰写自己的书之外，还找到另一个可以维持生产力并指导其他女性的方法：参加本地的慈善团体，通过财务援助与咨询的方式，拯救陷入危机的妇女。如托尼·莫里森（Toni Morrison）所说："如果你有一点力量，你的任务就是让别人也产生力量。"

老琼在这方面的能力是很惊人的，她从来不会直接给人口头忠告，她只是散放出一种能量，而那种能量是有感染力的。你在她面前不可能当一条懒虫——你会想要跟她一样积极投入。一直到她过世那天，她都还是一样朝气蓬勃地参与、追求、创造、支持她相信的一切，更重要的是，她的态度总是在玩笑之中带着庄重。她很自傲于可以"愈活愈年轻"，而且身边时常围绕着比她年轻三四十岁的人，因为他们可以提供另一种视野——总是有点新鲜事物值得咀嚼。

你不需要明确的动机，只要让自己继续热心参与。你在各种不同的历险之中，会突然到达一个时刻，在那个时刻你会觉得自己很有勇气，不会绝望，别人也会看见你的勇气。在你最意想不到的时候，你的能量和精神会刺激到别人，而让你成为激励别人的力量。要追求真实的人生，需要花费很大的心力，也会给你满满的收获，但是你必须把它传递下去，否则它就一文不值。

"只要生命仍有可能，就必须紧紧抓住，抓在手中，不断地开天辟地！"那就是琼的冲劲，现在我把它转赠给你，当你受到召唤，记得回应。当门开启，无论你感到多么意外，都要跨过门槛。你要成为自己故事中的女主角,就必须愿意冒险,继续旅行,相信自己可以很大胆。这本书不能给你所有的答案,但是我在撰写的同时,却相信你有能力承担这项任务。你知道自己在前进的同时,会得到数不清的希望、勇气与信心。

在最近的超级马拉松赛跑中,我目睹了一位 68 岁的老太太跨过终点线。我问她,为什么她会来参加这种百里赛跑。她说:"因为我是女人,女人就有耐力。我的意思是,女人的耐力是无限的。"我们都参与了这场耐力比赛——这场人生的赛跑。但我还喜欢把它想成是接力赛:我们都各自拿着独特的棒子,希望有一天可以把它传给我们前面的人,给一个已经准备好接棒跑她那一程的女人。你的杯子不再是半空的,而是半满的。问题变成:你要如何继续把它装满,以填满你的生命循环?

你一旦找到自己,就不再有回头路。定期抽离、回收、修复、重聚、再生、重返,这一切都会帮助你留在自己的轨道上。更重要的是,你绝不会再回到你原来的模样,因为你已经:

- 尝试过太多不一样的人生
- 知道自己如果不全力以赴,会有多么寂寞
- 开始喜欢当自己的女主角
- 面对转变,会花足够的时间处理——哀悼与放手

- 超越各种角色扮演，成为真正的自己
- 爱上你那毫无限制的生活形态

如我的瑜伽老师在每一堂课最后说的：

纳玛斯特（Namaste）。我尊重你的神性，正如我尊重我自己内心的神性，我知道我们是一体的。

章末摘要

- 暂停
- 有些意图不让别人知道
- 将一群女性寻觅者组织起来
- 拥有生产力
- 传递薪火

后记

串联点滴

今朝最可贵。

——歌德

许多妇女说我很勇敢。有很长一段时间，我都无法接受这个赞美。她们说我勇敢，因为我敢采取行动，敢逃走，敢独居，敢深入检视我混乱的生活，敢把它写出来。但是对我来说，所谓勇敢，是勇于面对绝症，敢站起来对抗一个花心的丈夫，或是在某种天灾之后勇于重建。我做的事情，没有一件可以比得上那样的勇敢之举。因此，每当有人说我勇敢，我总是连忙否认。

但是有一天，我终于说："你说得对。我想你可以说我是有些勇敢的，因为我敢打乱自己的生活，为自己脱口而出的话负责，虽然我根本不知道分居的后果是什么。"当时，我的感觉当然是绝望多于勇敢。我变得很急躁，因为我再也无法忍受自己的日子就这么一天天溜走。而且虽然在许多人眼中，我不过是逃走而已，我却觉得自己有一肚子的潜能，需要把我所有隐藏的潜力都挖掘出来。后来我知道,只要片刻的冲动,只要片刻的时间,倾听自己内心的低语,一个片刻确实可以改变一个人的一生。

我因为受到刺激而离开了寻常的过去,或许这是我幸运的地方。当我的丈夫宣布了他的计划后,我立刻知道自己需要的是什么。追随领导者已经不再可行;我要自主,我要我的原创性和真正的自己回来。在那一刹那,我知道该轮到我了,轮到我来投入自己的生活,让我再度成为一个独立的个体——虽然我在离开娘家时,以及我的儿子们离家之后,我就是独立的个体了。这真是很有趣,我们会对抗改变,紧抓着自己珍视的观念和旧习惯,而不愿面对横亘在眼前的挑战和历险,因为它们让我们感到不安。采取行动殊非易事。然而,就像斯科特·佩克(M. Scott Peck)曾说的:"生命的意义,就来自于面对和解决问题的整个过程。人生并不容易,但是唯有通过掌握挑战,我们才能得到意义。"当时的我介于两者之间,一边是问题,另一边则是大胆冲动地选择走一条新路,在那个当下,我开始改变我的人生。事实上,任何一个女人都可以这么勇敢。

因此,9年之后,我有了什么改变呢?第一,我知道我可以处理任何两难的困境。要解答问题,不是去避开它们,或是人云亦云。我需要有足够的自信、足够的自尊心、足够的勇气,才能和每一个挑战正面交锋,追求真正的答案。我需要相信眼前这一刻会引导我，让我倾听自己的感受和欲望，无论它们可能是什么；我需要追求我的梦想，那样我才能鼓励别人也同样去追求。这些都不是琐碎的目标，但我有决心，我是女人，我不会被打败。

我的新态度与歌德的一句话相同，这几个字就印在我每天早上喝咖啡的杯子上："今朝最可贵。"当我学会将注意力集中在每一个小小的片刻上，我的生命就改变了。是这些小小的片刻，而不是那些重大事件，让我学得最多。吉光片羽包含了我成长所需的一切智慧、一切真理和一切喜悦。当我聚焦于那些微小简单的片刻，我就可以将所有让我分心的静电过滤掉，因为那都是一些噪音，随时在督促我去做这个做那个。我们要去收集那些短暂的时刻。

去年夏天，我长子的孩子们让我懂得了歌德那句话的重要性。他们每天早上都是天刚破晓，就冲到我们床上，从他们的小木屋走过沾满露水的草地，两脚湿漉漉地来到我们屋里。这个夏天少见的完美——亲戚和访客数量刚好，三三两两地来访，温暖的白日与凉爽的夜晚，和女性朋友相聚的一些特殊时刻，孙儿们都还很天真，却已经大得可以参加各种活动。我们典型的一日之始，都是5个孙子中的3个窝进我们的羽绒被里，急着想要听个故事，说或读都可以。在讲完故事之后，难免会出现种种问题和对话，罗宾和我尤其喜欢这段时光。不久之后，我们就会读完卡尔森最爱的故事，谈杰基·罗宾森如何改变棒球的肤色[1]，也回答过孙子罗根的问题。他问我：为什么狐狸一家子会住在我们后院？为什么小银狼在夜里号叫，它们住在多远的地方？我们会在杜利挠完每一个手肘和膝盖的痒之后，就看看窗外的天色，决定当日的活动。多云就去钓鱼、打小型高尔夫球或骑自行车；出大太阳就可以去海滩，至于是哪一个海滩，会在早餐桌上热烈讨论——我们是不是应该把旅行车装满，开到路尽头那个海滩，或是搭船到野外的南滩，带着食物去野餐？如果风很大，也许去放风筝；假使下雨，我们就来拼图或烤个苹果派。

和孙儿们一同依偎在床上，我没有别的选择，只能用爱与欢笑迎接每一天，还有儿童对新鲜事物跃跃欲试的热情。就连现在，夏天早就过去，孙子们急着挖掘每一天的欲望仍留驻我心。我也不断被遗忘在烘干机里的袜子、丢在花园里的锄头、冰箱中匆忙吃了一半的棒冰提醒，它们全都在提醒我去追风、追随太阳，下雨天或晴空万里我都一样欢欣畅快，每一刻都要活得如这一天最珍贵。"小孩子要牵引它们。"《圣经》这么说。这几个小男生逼着我去抓住每一天，让我的生命里塞满了心灵充实的片刻，毕竟这些才是最重要的。

据说要克服单调乏味，并不能依靠移动人的身体，而是要改变人的灵魂。的确，古罗马作家阿普列尤斯（Apuleius）说：

---

[1] Jackie Robinson，美国职业棒球大联盟史上第一位黑人球员。
　　——译者注

"人人都该知道，除了培育你的灵魂，没有别的生活方式。"要做到这点，就必须精心制作你的人生，但在这个地方，你该做的是重新塑造你的人生，让自己过得踏实又有深度。你必须拥有令人感到满足的对话、与人真心投契的时刻、令人感动的音乐，以及和天真的儿童用心相处的时间。心灵充满的时刻会让我们热泪盈眶，让我们解除武装，让我们气喘吁吁，让温暖流过我们的血脉。

我想起小儿子的婚礼。他的新娘是位演员。我们很清楚，这场婚礼将是她一生最重要的演出。两人都背好了他们的誓言，彩排过他们的舞步，设计好他们的服装。但是当重要时刻来临，牧师悄声提词后，她却转身面对她的新郎，深情凝视着他，声音颤抖着："我，苏珊娜·卡凡诺……"一语未毕，泪水已然淹没她那排演多时的自若神态。她抽泣不已，这个时刻的神圣真理同时浮现——婚礼的仪式变成了真实的人生，大家见证且分享了他们坦率的热情与明显的爱意。

我尤其觉得幸运，因为就在几天前，全家人聚在我们家里，等待这个大日子。我有了一个点子，我认为这个点子可以给我的两个儿子和一个媳妇一些幸福，因为路克就要结婚了，安迪和雪莉正打算去参加一趟危险的长途自行车之旅，用一段祷告来作为开始应该不坏。我的教会答应给我们一次星期三早晨的祷告仪式，我要求孩子们都要参加。他们嘟哝着表示反抗。太早了，太冷了，他们需要咖啡和报纸才能和大家互动。然而，最后我还是赢了——做母亲的人总是有办法，我们在破晓时刻出发。

当我们围成圆圈站着，在清晨的冷风中颤抖，圣坛上的蜡烛摇曳，身边都是陌生人时，我很怀疑自己究竟做得对不对。接下来我将圣爵的酒拿给我的儿媳妇，然后她将它交给她的丈夫，后者又交给他的弟弟。借由这个简单的仪式，我们脱离了例行的生活，彼此心心相印，认清我们的生命、选择与我们将行之事的神圣性。

3天之后，苏珊娜将她的亲友拉进她和路克感受到的彼此的爱中。我再次感觉到自己和身边的人有种神圣的心灵契合。人的一生可以建构于这类关键时刻，而且我知道最重要的就是关心我们的灵魂，因为当我们关心自己的灵魂，而不是去迎合自己扮演的角色时，我们就会发现，最有价值的就是接纳，接纳既有的一切，接纳自己。

我在海边独居的一年之前，觉得我不过是自己扮演的那些角色，而无法接纳或欣赏真正的自己。我的身体不对、面孔不对、心态不对，连态度都不对。当我开车在郊区行动，完成一长串的差事，试着取悦我生命中的人们，用我做的事而非真正的自己去填充我的时间时，我总是试着让自己相信，我的价值高于我所感觉到的自己。"我很棒！"我会一面大声咆哮，一面捶打我的方向盘，好强调我说的话。"该死的，我很棒！"但是无论我多么大声地嘶吼，我的自我形象或自信都没有丝毫改变。在我开始在乎每一天的质量之前,我并没有学会接纳自己——并不只是我的外表,还有我真正的思想、我的慈悲心、我的行为方式。我继续进行本书中描述的六个R:抽离(retreat)、修复(repair)、重拾(retrieve)、重组(regroup)、再生(regenerate)、重返(return);我向内旋转,让每一个有意义的经历得到它应得的关注。

几年前,我需要开始正视长子的路跑事业,而非对它感到畏惧。我得设法了解他对路跑的热情,了解为什么他爱跑上几百公里,穿越沙漠与高山。虽然我觉得这种运动让人很自恋,会上瘾,而且不健康,却也希望能够为他的心力喝彩。某个夏日,我们之间不太愉快,他抛了一句话给我:"妈,如果你想知道我是谁,就应该在我路跑的时候来看一次。"一下子我灵光乍现:最重要的是接纳别人。因此我飞越整个国境,到了北加州观赏西部耐力跑。我帮雪莉买了所有的用品,塞满了车。到达我们的露营地点之后,我帮孩子们扎好帐篷,赛跑期间我们就睡在这里。

安迪提前一天到达,为他的比赛做赛前准备,我在他跑完40公里之前,都不会看到他。他终于出现了,我看着他从红树林里跑出来,仿佛他不过是在家附近跑了一圈,我追出去和他见面。"妈,你来了。你来到这里了。"他向我伸出手,却没有停下脚步。我们一同跑下一座山坡,到了下一站,那一刻我的恐惧消失了:显然,他把这项运动变成了一门科学，精确地知道他的身体和灵魂需要有什么样的能耐。"它之所以是个很棒的运动，就是因为辛苦。"他曾经这么说。我和他一同跑过那么一小段，看着整个经历发生，看着他跑到终点时赢得第二名，这一切都让他的这句话显得更加贴切。但是我真正从这次经历中得到的，是接纳——接纳他在这项活动中受训路跑的欲望，相信他这个年轻人会精打细算地小心做这件事。

过去8年来，我一直在和我自己的母亲及丈夫抗争；母亲的健康逐渐在走下坡路；罗宾和我一面思考我们生命的下一个阶段应该是什么模样，一面要做许多调整。但是在这所有的过程里，我不断对自己说，我和朋友及家人的关系最重要。我的母亲值得我给她支持和关爱，正如有一天我在抱怨她已经需要我们投入大量的心力去照顾时，小儿子路克说："妈，外婆照顾了你一辈子，你也应该照顾她作为报答。"他那简洁有力的评论终止了我的抱怨。我还有个朋友温和地提醒我，说我很幸运，因为我妈妈还在世。"我真希望自己还能再拿起电话筒，跟我妈妈说话，"我的朋友说，"一点小诀窍——记得每次看到她，都要亲亲她。亲吻她的时候，要记得她的味道有多么的香。"

现在每当我和我妈妈在一起，我都会记得要集中注意力，不能分心——倾听、观察、问她问题。就在昨天，她将我个性上任性的一面予以总结，说我全心努力地工作时就像我的一个阿姨、祖母和曾祖母。她原本想要在星期天生我,那是休息日,结果我却在星期一出生,还很小就似乎喜欢卷起袖子投入工作,就像她生命里那所有的妇女,就像她们面对星期一大扫除时的模样。当时我立即感觉到一种历史感和新的力量灌注全身。她的短期记忆能力变差,我往往因此而觉得很沮丧,但是她满脑子都是过去的故事,而且随时可以帮我将它们和我的未来连接在一起。

至于我的丈夫,他努力地想要了解自己。可以和一个做过这种努力,而且焕然一新的人住在一起,真是令人欣喜。我们都各自步履艰难地改变着:换工作,保持财务上的安全感,直面家人的健康问题——最后,我们变成了两个全新的人,虽然我们的背景相同。有时候,当我看着餐桌对面的他,我会很着迷地想着,我真喜欢他!我喜欢他抛弃常规,追随他的心。我喜欢他愿意回报,做不同的事,渴望新的道路。和这个男人一同变老是很迷人、很有趣的事,而且当然是我侥幸得到的。"人类伟大之处是他的转变,而非目标。"埃默森说,对我们来说,正是如此。成长就发生在我们意想不到的灯火阑珊处。但它们的发生是何等奇妙啊。

这也带出我接下来要说的话,最有价值的是有意义的工作。在我们人生的这个阶段,这份工作最主要是微调我们的生活——利用过去的经历,在我们剩余的时间里,做点有意义的事。在一家书局的新书发布会上,有位读者站起来说:

"你把你的人生变成一项事业,这让我觉得很有趣。"这句话令我觉得很惊讶。我不过是把我的故事通过回忆录的体裁说出来。但是当我稍后回家,查词典研究"事业"(vocation)一词后,我才发现这位读者的形容有多么贴切。事业是一种倾向——一个特别适合某人的职业,一种受到召唤之后的所作所为。当你认真看待你自己、探索自己的兴趣、寻求智慧,让自己身边环绕着和你气味相投的人,这时候难免就会出现某种事业。

最后,我明白最有价值的是我自己的陪伴,在我自己的神圣空间里。维吉妮亚·伍尔夫(Virginia Woolf)说得真对——照顾我自己的心智与心灵,这确实比安抚群众重要得多。在我的空间里,当我沉溺于梦幻般无所事事的时光时,我真的可以练习做个新生的我。似乎我已经进入一个新的年代——着魔的年代,在那里,我容光焕发,有许多发现,多彩多姿,自动自发,大多数的日子都是自己做主,而不是由邀请与义务所管理,我的日子取决于一个接一个的冲动、偶遇、当下的决定、勇气与新的历险。

如埃默森所说:"比较起心中的一切,在我们身前和身后的所有事都微不足道。"有我自己的陪伴,现在我几乎随时知道我的生命中,有哪些事物行得通或行不通,又有哪些事物是神圣重要的,而哪些事物是琐碎微小的。我想你可以说,我那所有心灵追寻的工作,让我回头安顿于我的存在之中。

改变人生的周末推动计划

这项计划可以用在一个人或一群女人身上。

抽离之前

读完《醒醒啊,姐妹,该轮到你了!》,而且做完行事历练习后,就要计划抽离。选一个离开的好时间,找一个合适的地点。无论是露营区、小木屋、度假旅馆,还是小客栈,它都要靠近森林、沙滩或公园,是一个可以来一次有意义的个人探险的地方。

可能的话,为了能够确实成行,最好是在星期四离开。利用晚上的时间去采购日用品(如果需要的话),把自己舒适地安顿下来,然后庆祝自己真的走开。你上一次离家出走是什么时候?你曾经离家出走过吗?

星期五早上
抽离

这是反省的一天,在你前进之前,先回头看看。读《自我始于抽身走开》,然后去探索你周遭的环境。寻找属于你的地方——一个呼唤你的地点,一个你觉得欢迎你又可以让你得到安慰的地方,一个你在这个周末会想要一再拜访,来重新组织自己、让自己找到重心的地方。可以是树下的一张凳子、露台、沙丘,或是在急流边的一棵枯木。你会在这里安静地倾听;你会在这里写日记,联系自己的感官。一旦找到自己的地方,你就可以开始研究你所在的地点,留意居住在这里的一切;习惯这个地方,那么它才能成为你的避难所。

现在,花时间认清你的痛楚:你为什么觉得空虚?要了解你正处于给自己充电的过程之中,但是首先你必须想清楚,你真正在寻找的是什么,你渴望什么,你需要消除生命中的什么,以及你需要更多的什么。回答思考转变问卷之后,你会比较了解自己为什么需要抽离。

写下你的想法,利用如下句子作为起头:
"我已经迷失,决定开始寻找自己。"
"当我们不再一切如常地过日子,改变就发生了。"
"最崇高的工作,莫过于创新旧的自我。"

星期五下午及晚上
重拾

　　阅读《将你自己一块一块收拾好》。花时间进行快照练习、生命循环逻辑练习和生命的颜色练习。然后想想欧普拉说的："我从前人身上继承了很大的力量……祖母、姐姐、姑姑、阿姨和哥哥们,他们的精神都经历过难以想象的艰难险阻,而他们却活了下来。我要学会依赖这些力量。"

　　如果你和朋友在一起,不妨分享你对各个亲戚的看法。写下你也许想要挖掘的他们的特色,寻找你坚韧的根,并在这个夜晚结束之后,沉浸在你新发现的"亲戚的力量"里。

星期六
修复

　　阅读《打开寂静,关掉声音》。吃过使你精神百倍的早餐之后,你启程进行三四个小时的探险,带着基本配备,例如水、零食和你的日记本——任何你这一天可能需要的东西,以免你还没到达目的地,就被迫回头。

　　出门之前,先回答"减轻负担"的问题,让自己卸下心理包袱,忘却负面的声音。这一天,你要重新认识自己,向内旋转,集中精神,聚焦于自己,聆听你的心要跟你说的话。

朝野外前进的同时，想想如下句子：

"和寂静做朋友。"

"大自然告诉我们何为无动机的尊严。"

"在冲突多于和平的地方，在一切倏忽而逝的地方，会有些强烈的讯息，因为那里的一切生灵都可能随时改变或消失。"

进入你的大自然之后，开始探索，并感受你的环境带给你的亲切感。现在你可以开始自我挑战，测试你的极限，到你以前不敢去的地方。如果有山，就去登山；如果有河，就去渡河。如果你想在池塘或海里裸泳，就尽管去游。不仅挑战你的心灵，还要挑战你的身体。离开你的大脑，进入你的身体，尽可能活泼——再度像个孩子，或是一个爱冒险的少年，就是不要像你现在的小心模样。你应该要哭、尖叫、大笑，像个傻瓜一样——与此同时，处理你的悲伤，它是改变的伙伴。

沿路总有大自然的隐喻，可以用来反映你的生命，去找一找。写下你的想法。最后，你也许会想要真正地去搜索你的灵魂。去找些东西，像是会说话的石头、一件完整的物体、会触动你灵魂的声音、一个意外的景象、活着的生物或是任何能刺激想象力的事物。

当这一天终了，你回到歇脚的地点，摊开所有你在大自然中发现的事物，写下它们对你而言的意义。享受这个夜晚——到户外去看看星星，喝口酒，点亮蜡烛，放纵自己。

星期日早上
重组与再生

阅读《身体与灵魂》。这一天一开始,先反省你在单独探险时,如何维护你的身体。喝一杯咖啡,反省它的好处,回答第117页的"别再打击你的身体"节末的问题。

然后花点时间迎接这一天,吃顿丰盛的早餐,最后进行平衡轮的练习。它有助于你在回家之后,对自己的付出和对别人的付出一样多。考虑散步、跑步或骑自行车,振奋自己的精神。午餐之前,阅读《放弃旁人对自己的期望》。

接下来填写"施与受问卷",确保你会继续为自己付出。这会帮助你留在正确的轨道上。

星期日下午
重返

阅读《凝聚力量,投资自己》。你已经决定要在老地方做一个全新的自己,现在该是设定重返常轨步骤的时候了。非做不可的第一件事,就是填写那一章的几个十字架,以找出所有的选择。

接下来要规划你的意图。从你想出来的长辈的特性中选择你的意图。也许你会想要变得比较叛逆、爱玩或冒险,想要糊涂一下，想违反传统或放肆不拘。无论你选的是什么，都可以选颗石头，或是利用你在独自探险时带回来的宝物，将那个意图写在明显可见的地方。这可以提醒你朝向新的存在继续伸展。

阅读《决定在老地方当个新人》。在打包回家之前，先写一封信给自己，宛如写给你的挚友，告诉她，你在离开的这个周末发现了什么。写下你自己的地址，预备在一个月之后寄出。它会提醒你，该安排下一次的抽离与进一步的自我探索了。

切记，你就和海滩上的海岸线一样，都没有尽头，需要一而再再而三地超越自己。改变是要花时间的。当你真正开始倾听心的声音，真实的你就会慢慢出现。心灵的功课是没有时间表的，愿你能做出永久的改变！

琼·安德森的智慧叮咛

抽离

将退潮当成休息的时刻。你一辈子都在学习当个女人,而抽离是这个过程中的"心理休眠"。

让自己陷入一段不被干扰的完整的世界，在那里，无限的时光会让你无中生有。

修复

我已经厌恶被称为坚强的人。每一个人都期待我去收拾烂摊子。我不想再当这样的人。

我们已经脱离常轨，如今只能独立找到回家的路。没有救生员、没有救生圈可以来救我们——我们的生命线就是自己的内在力量。

重拾

现在我最重要的任务,就是重拾自己被埋藏的部分,像是爱玩,爱哭,在自己的肤色之下感到自在,更常运用自己的直觉。就像拼图的碎片,我需要找到方法,再次创造完整的自己。

我不再是温室里被迫必须绽放的花朵，而是一个成熟的女人，即将了解自己所为何来。

重组

陪伴你自己的意图——其拉丁文的字根 *intendere* 意指"向某种事物延伸"——并继续遵循你的本能与直觉。

我在沙滩上寻找不同的碎片，想创造出完美的美人鱼。我们也必须花费一样多的时间，仔细把自己的人生拼凑起来。我们和沙里堆砌的美人鱼一样，都有很强的可塑性：未成形的男人和女子，重新创造新的自我。

再生

　　法国女人所扮演的角色的重要任务是取悦别人，但是在这个过程中，她们也一定会取悦自己。我需要让我的身体拥有它自己的头脑，取消我对它的限制。就这么一次，无论如何，试着把它当成正确、正常的身体。

我正在学着投资自己，我不再是我的时间与命运的仆人，而是它们的主人。不同的只是意图而已——知道何时开门，何时再度关闭。

重返

让我自己被带走,屈从于不可见的潮流,随波而去。这是我目前面临的最主要的挑战。

失控的时候,或我们无法改变别人的时候,或许我们应该欢呼,只集中精神改变自己。

读书会导读

以下的介绍、讨论主题和问题,都是为了读书会在阅读琼·安德森的《一个周末,一场改变:女性活出真我的六个秘密》时,让大家更深入地讨论。我们希望它们会提供一些思考与讨论本书的有用方法。

欲取得更多信息,请上网站 www.joananderson.org。

想象有个女人,她为了让每一个人的梦想成真,做得有声有色,但是她自己的希望与目标都落在所有应办事项之后。她投注无数的感情与身体的能量于社会公益事业,满足别人的需求。她觉得自己仿佛被淹没在无休无止的职责洪流之中。她在阅读本书时,琼·安德森就会抛给她一条救命索。这位危机中的女子可能是你,也可能是你身边的人。无论如何,《一个周末,一场改变:女性活出真我的六个秘密》会让你开始将你的灵魂修饰完善。

琼·安德森在科德角那年的故事已经成了个传奇。在她的儿子离家、丈夫接受新工作之后,她走了激烈的一步:她决定花点时间独处,照顾自己,而非家人的需求。在海边独居的那几个月,她慢慢抛弃了多年的不安全感和表面功夫,展现出一个坚强有主张,而且货真价实的女人形象。她不允许自己的情感再次枯竭。《海边的一年》是她这次独居的回忆录，不久她成为一位畅销书作家，于是她明白，自己先前感受到的耗竭与空虚感，也是无数来自各行各业的女性的相同感受。自从1999年《海边的一年》出版之后，她在她的周末工作坊中，和成千上万的女性分享她的转化智慧。如今《一个周末，一场改变：女性活出真我的六个秘密》让每一位女性有机会在两天两夜的抽离时间里，体验到疗愈的喜悦。这本书文辞恳切，里头满是教你自我解放的练习与琼的醒世良言，它将会开启一个新世界，使你的人生愈加充实。

你也许会想要自己一个人读完这本书，或是和你的挚友共读，或是与一群人一同分享。你可能会选择一个离家很远的地点，或是离家很近的地方读这本书。你甚至不用在一个周末里做完书中所有的练习——这个过程绝对不是要你去遵循规则的。这是一本可以带领你通往自由的指南书，无论你选择哪一种阅读方式，我们都希望如下讨论主题与问题有助于强化你的阅读体验。

讨论主题与问题

1. 在本书的引言里，琼告诉我们："我曾为了满足每个人的需求与期待，而变得很空虚，甚至到了绝望的地步。单纯地活着已经让我再也撑不下去。""单纯地活着"这样的概念适合用在你身上吗？有什么征兆显示这样的生活方式，已经让你无法再支撑下去？

2. 琼在周末前的主题包括"杂乱无章的行事历"。你在整理完那些使你耗尽心力的活动，并选择使你精神奕奕的新活动之后，发现了哪些模式或主旨？你最喜欢的活动表现出真正的你应该是什么模样？

3. 你阅读了星期五的章节"抽离的重要性"。你对"抽离"的定义有何改变？你最想离开什么？最不想离开什么？

4. 在寻找灵感的练习中，你选择哪一位你很崇拜的亲戚？她如何主张她的独立性？假如此刻她和你一同抽离，她会跟你说什么？

5. 你通过童年的照片研究自己的成长过程时，其中的形象使你大吃一惊吗？其他亲戚对这些照片和记忆有何响应？他们印象中的你和你自己回忆中的你一致吗？

6. 琼·艾瑞克森在养成充实的人生方面，成为作者最伟大的导师。你的生命里，谁可以成为你的琼·艾瑞克森？在养成充实的人生这件事上，你想要教化哪些人？

7. 艾瑞克森的生命循环的8个阶段和你成长过程中的里程碑相比，有何相同或不同点？你在编织你的生命循环织锦时，发现自己有哪些优点？

8. 你在星期六的漫游中，对你的独处时刻有何感受？你允许自己在没有旅游行程的情况下，花时间去探索一个开放的空间吗?你对自己的心智与身体有何新发现?大自然是否以"欢迎"的态度来迎接你,就像海豹有时对待琼的海滩访客一样?

9.写一封信给自己,捕捉这个苏醒的过程,这么做时感觉如何?你在信中是否使用一个特定的语调或声音?你过去和自己对谈时,是否都是表示支持,而且态度很温和?

10.用星期日早上那章里的平衡轮,对照你生活中的各个领域,哪个领域似乎最有挑战性?你如何应对这个挑战?在自己的类别当中,哪一个部分会得到你全新的关注?

11.在十字练习中,你发现了哪些新的方向?你在探索各个可能的过程里,会抛弃哪些习惯、人、义务与情绪?你答应自己下一次何时抽离?在此之前,你预期自己会有什么样的转变?

12.你对重返常轨阶段的印象是什么?你对生命的看法有何改变?别人眼中的你有何改变?

13.琼在后记末段,写到她一直很担心儿子的"耐力跑",直到她和他共同跑了一次,才不再担心。"它之所以是个很棒的运动,就是因为辛苦",他跟她说。有些挑战会伤害我们,有些挑战则有助于发挥我们的潜力,最好的分辨方法是什么?

14.一般而言,女人和男人的人生有何不同?为什么有那么多女性会觉得没有必要照顾自己,而只是一门心思地照顾别人?有什么能够改变这种潮流?

图书在版编目（CIP）数据

一个周末，一场改变：女性活出真我的六个秘密 /（美）琼·安德森（Joan Anderson）著；陈寿文，钟蓓译. -- 北京：华夏出版社有限公司，2022.1（2022.9 重印）

书名原文：A Weekend to Change Your Life: Find Your Authentic Self After a Lifetime of Being All Things to All People

ISBN 978-7-5222-0125-2

Ⅰ.①一… Ⅱ.①琼… ②陈… ③钟… Ⅲ.①女性－人生哲学－通俗读物 Ⅳ.① B821-49

中国版本图书馆 CIP 数据核字（2021）第 205449 号

A WEEKEND TO CHANGE YOUR LIFE: FIND YOUR AUTHENTIC SELF AFTER A LIFETIME OF BEING ALL THINGS TO ALL PEOPLE by JOAN ANDERSON
Copyright: ©2006 BY JOAN ANDERSON
This edition arranged with THE BLUMER LITERARY AGENCY through BIG APPLE AGENCY, LABUAN, MALAYSIA.
Simplified Chinese edition copyright: ©2022 Huaxia Publishing House Co., Ltd.
All rights reserved.
版权所有，翻印必究。

北京市版权局著作权登记号：图字 01-2020-7283 号

一个周末，一场改变：女性活出真我的六个秘密

作　　者	[美]琼·安德森
译　　者	陈寿文　钟　蓓
责任编辑	赵　楠
出版发行	华夏出版社有限公司
经　　销	新华书店
印　　装	三河市万龙印装有限公司
版　　次	2022年1月北京第1版　2022年9月北京第2次印刷
开　　本	880×1230　1/32开
印　　张	7.175
字　　数	145千字
定　　价	59.00元

华夏出版社有限公司
网址：www.hxph.com.cn　地址：北京市东直门外香河园北里4号　邮编：100028
若发现本版图书有印装质量问题，请与我社营销中心联系调换。电话：（010）64663331（转）